本当にやさしく学びたい人の！
絵解き
ネットワーク
超入門
増田若奈 著
技術評論社

はじめに

ネットワークの仕組みを知らなくても、インターネットや企業ネットワークを利用することはできます。これはとてもよいことです。家電の仕組みを知らないと家電を使えない、橋の建造方法を知らないと橋を渡れない……なんてことはないように、今日では、ネットワークの仕組みを知らないとネットワークを使えないなんてことはありません。

反面、ネットワークの仕組みをある程度知らなければネットワークを使えなかった昔に比べると、ネットワークを「使う側」から「作る側」になったときに感じる気持ちのハードルは、むしろ高くなったのではないでしょうか。

本書は、インターネットをはじめとしたネットワークを「使う側」から「作る側」になるために必要となる基礎知識を解説しています。具体的な設定方法までは説明していませんが、設定方法が載っている専門書を読むための知識は習得できます。また、「ネットで調べればよいのはわかっているが、何のキーワードで調べればよいのかわからない」ということはよくあります。本書に登場する言葉をキーワードにネット検索すれば、よりくわしい情報にたどり着けるでしょう。

ネットワークを仕事として選んだ人はもちろん、ネットワークを活用して何かを作りたい人、業務の一環としてネットワークを作る側になった人の助けになれば幸いです。

増田若奈

目次

はじめに 3

第1章 ネットワークって何だろう？

1 ネットワークってどんな技術？ 10
2 サーバーとクライアント 14
3 プロトコルという共通のルール 16
4 プロトコルのレイヤー構造 18
5 ネットワークには住所がある 22
6 インターネットと LAN 28
COLUMN かつての携帯電話は独自プロトコルを採用 32

第2章 データを相手に届けるための技術

1 データをやりとりする条件を知ろう 34
2 パケットとヘッダー 36
3 データ送信の方式 40
4 ネットワークの標準 TCP/IP 42
5 TCP/IP の 4 つのレイヤー 44
6 TCP と UDP 48

7 IP 54
8 IPv6 60
9 ルーティング 62
10 ゲートウェイ 66
11 イーサネットと無線LAN 72
12 ドメイン名とDNSサービス 78
13 DHCPで接続情報を自動設定 84
COLUMN トラブルが起きたら「障害の切り分け」........ 88

第3章 データを活用するための技術

1 ネットワークサービスを知ろう 90
2 Webサービスの基本 92
3 Webサイトのしくみ 96
4 SNSのしくみ 98
5 動画配信のしくみ 100
6 ネット検索のしくみ 102
7 メールのしくみ 104
8 クラウドのしくみ 108
COLUMN 「開発環境」って何？........ 112

第4章 ネットワークを導入する

1 ネットワークの基本は家庭用も企業用も同じ 114
2 ネットワーク構築の準備 116
3 インターネット接続 118
4 ネットワーク機器 124
5 LAN ケーブル 128
6 小さなネットワークに分けて管理 130
7 LAN で使われるネットワークサービス 134
8 インターネットに公開するサーバーを構築する 140
9 LAN と LAN を結んで WAN を作る 144
10 無線 LAN を導入する 148
COLUMN 「システム構築」って何？ 152

第5章 ネットワークのセキュリティ

1 ネットワークのセキュリティを知ろう 154
2 コンピューターウイルス（マルウェア）とは 156
3 許可なくネットワークを利用する不正侵入 160
4 ネットワーク内からの情報漏洩 162
5 ファイアウォールでネットワークを守る 164

6 プロキシの導入 168
7 データを暗号化する SSL/TLS 170
8 無線 LANのセキュリティ 174
9 情報セキュリティポリシーを策定する 178
10 企業ネットワークのセキュリティ対策 180
11 ウイルス対策ソフトを導入する 182

あとがき 186
索引 188

第1章 ネットワークって何だろう？

SNSで届くメッセージや動画、Webサイトの内容についてはひとまず置いておいて、まずはそれらがデータとして存在していることを意識してみましょう。そのデータはどこにあって、どうして自分のPCやスマートフォンに届くんだろう？といった疑問を持つことがネットワーク学習の第一歩です。

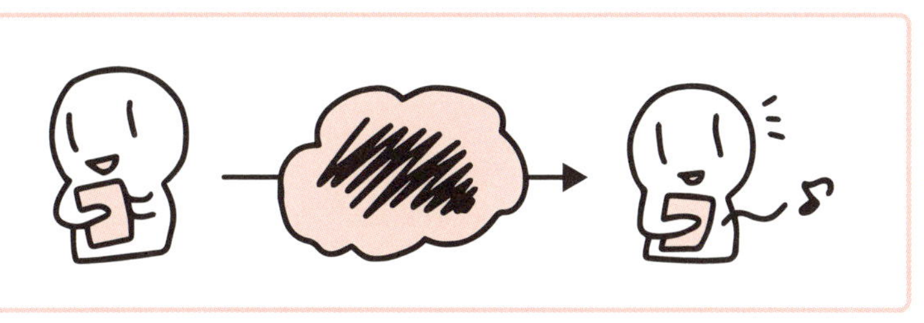

これからは
ここに注目

あんまり考えた
ことなかった

1 ネットワークってどんな技術？

ネットワークの技術には、ネットワークを使える状態にするための「つなげる技術」と、ネットワークでやりとりしたデータを利用するための「活用する技術」があります。活用する技術の方が身近な存在ですが、ネットワークの学習の中心は「つなげる技術」です。

ネットワークの2種類の技術

　ネットワークの勉強を始めると、いつも利用しているWebサイトやSNS、検索といったことは全然登場せず、わけのわからない専門用語が並んでいてびっくりする、といった経験があるかもしれません。

　実は、ネットワークの技術にはネットワークを使える状態にするための「つなげる技術」と、使える状態になったネットワークを活用して、ユーザーに便利なサービスを提供するための「活用する技術」の2種類があるのです。

つなげる技術と活用する技術の違い

Web サイトを閲覧するケースで考えてみましょう。Web サイトの閲覧は、企業や個人がデータを作成し、そのデータをユーザーが受け取ることで実現しています。Web サイトのデータを送るための技術が「つなげる技術」、送られてきたデータを見るための技術が「活用する技術」です。

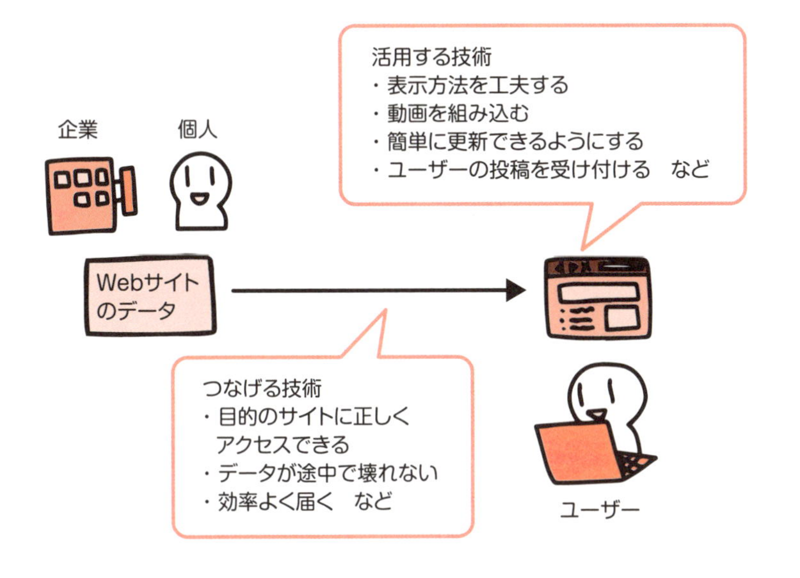

つなげる技術では、Web サイトのデータも SNS のデータも、画像も文字も、区別せずにすべて「データ」として扱います。

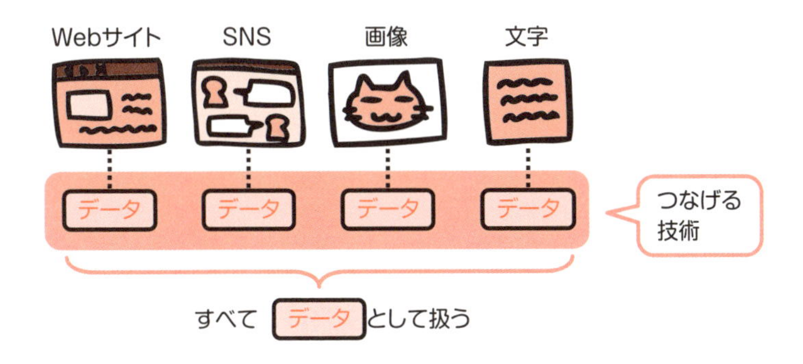

活用する技術は、つなげる技術を使ってやりとりされるデータをユーザーが閲覧し、より便利に使うためにあります。

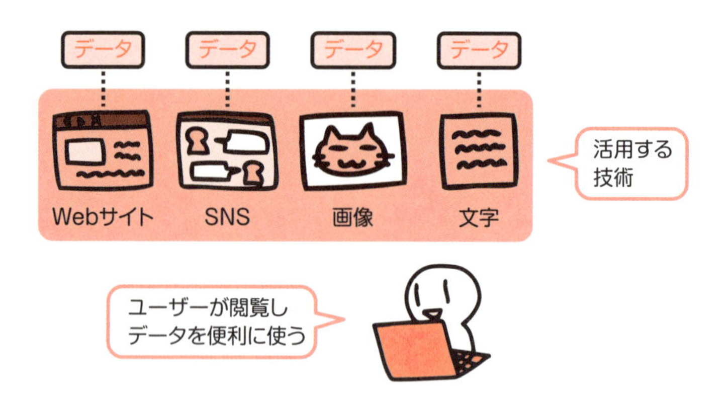

ネットワークの技術について学ぶときは、その技術が「つなげる技術」なのか、それとも「活用する技術」なのかを理解した上で学習を進める必要があります。

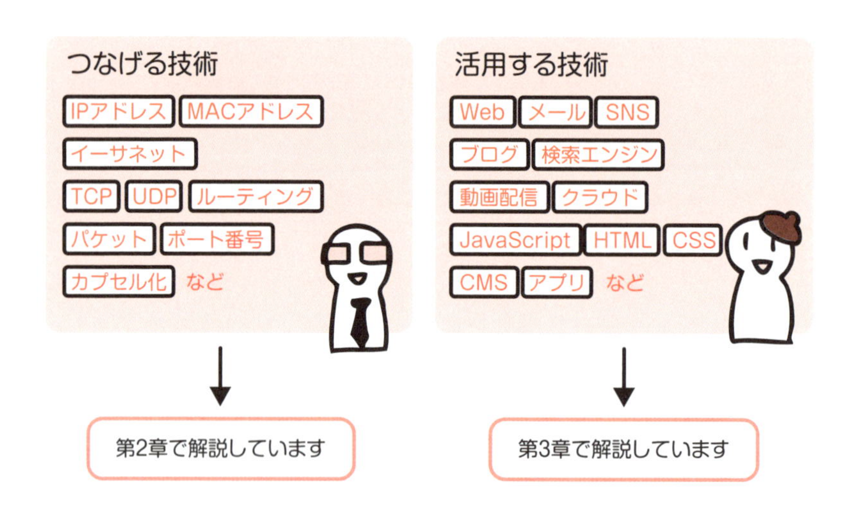

ネットワークは双方向

ネットワークの技術を学ぶときに、もう１つ意識したいことがあります。それは、ネットワークは双方向でデータをやりとりしているということです。

例えばテレビや新聞のようなメディアでは、情報は一方向のみでユーザーに届けられています。

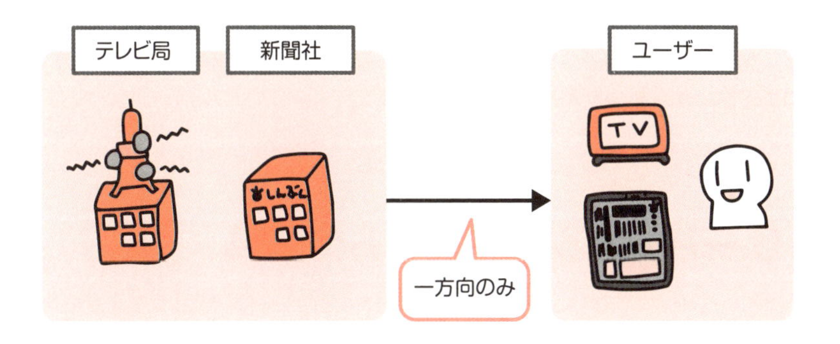

それに対してネットワークでは、ユーザーと配信側がコミュニケーションをしながら、双方向にデータをやりとりしています。

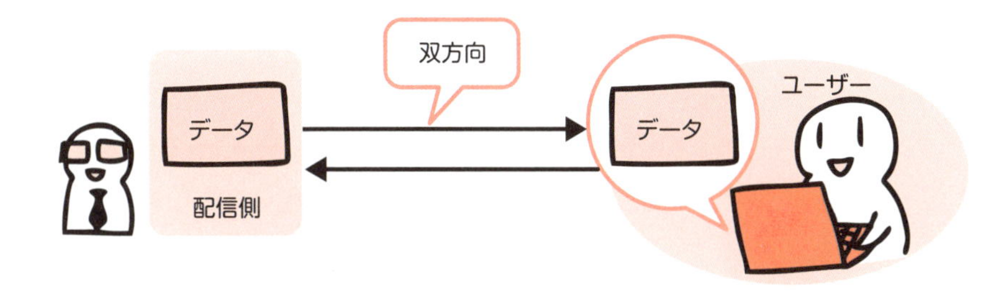

Web サイトや動画を見ているだけなら双方向ではないと思うかもしれませんが、そのときもユーザー側が制御情報などのデータを送り、配信側はそれを活用してコンテンツをユーザーに届けています。

2 サーバーとクライアント

ネットワークは、情報の提供者とユーザーが、双方向にデータをやりとりすることによって成り立っていました。このとき、ネットワークを利用してサービスを提供する立場のコンピューターをサーバー、サービスを受ける立場のコンピューターをクライアントと呼びます。

サーバーとクライアントの関係

ネットワークの世界では、ネットワークを介してサービスを利用する立場の機器を、クライアントと呼びます。例えば、ユーザーが使用するＰＣやスマートフォンは、クライアントになります。

それに対して、ネットワークを介してサービスを提供する立場のコンピューターをサーバーと呼びます。クライアントはサーバーに対してデータの提供を「要求」し、サーバーはそれを受けてデータを「提供」します。

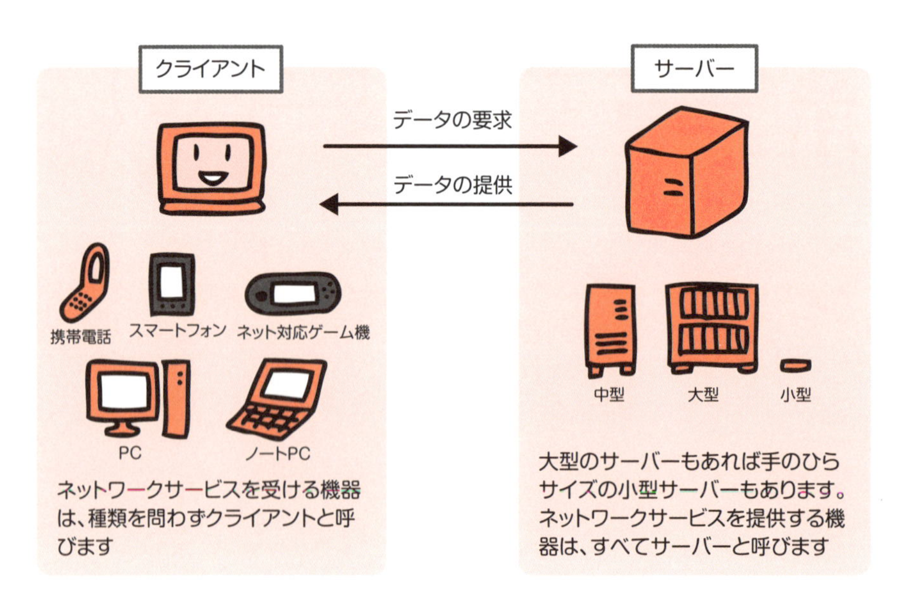

提供するネットワークサービスに合わせて名前が付けられる

　ネットワークでは、サーバーが提供するデータの種類に応じて、さまざまなサービスが提供されています。サーバーは、提供するネットワークサービスの名称に「サーバー」を付けて呼ばれます。Web サイトを提供するサーバーは「Web サーバー」、メールサービスを提供するサーバーは「メールサーバー」です。

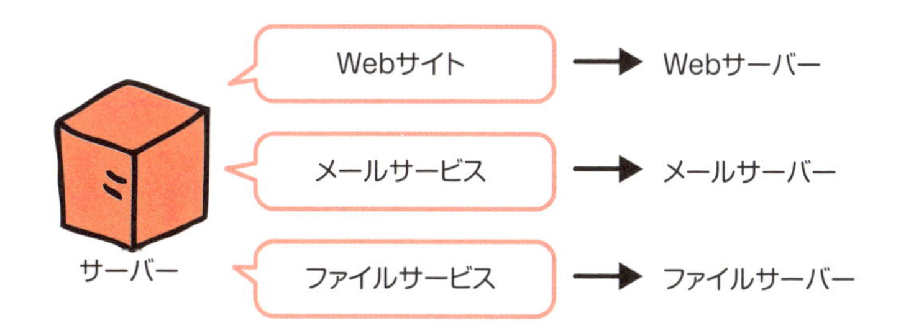

サーバーにはサーバー用の OS とサーバーソフトが入っている

　クライアントに Windows という OS が入っているように、サーバーには、サーバー用の OS が入っています。また、クライアントに Edge や Chrome といったソフトが入っているように、サーバーには提供するサービスに応じたサーバーソフトがインストールされています。

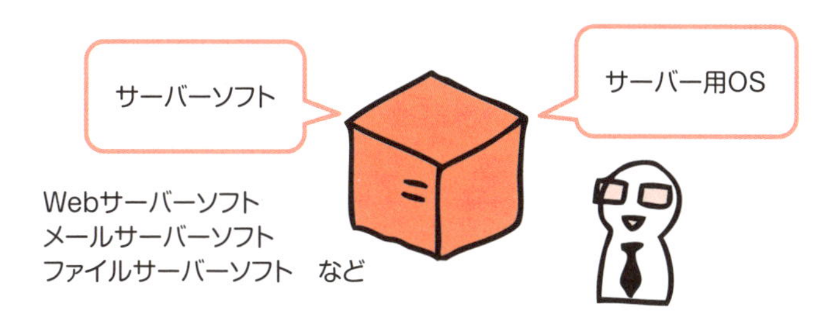

　サーバー用の OS とソフトがあれば、どんなコンピューターでもサーバーになります。サーバーとして使うための専用のコンピューターもありますが、一般に使われている PC もサーバーとして使用できます。

3 プロトコルという共通のルール

ネットワークにはさまざまな種類のコンピューターや機器が存在し、双方向にデータのやりとりを行っています。ハードウェアやOS、ソフトウェアが違っても問題なくデータをやりとりできるのは、共通の決まり事＝プロトコルに対応しているからです。

データをやりとりするための決まり事

ネットワークでは、サーバーとクライアント間の双方向のやりとりによってデータの受け渡しが行われます。クライアントがネットワークサービスを利用したいとき、まずはクライアントがサーバーに対してデータの要求を行います。しかし、サーバー側でその要求内容が理解できなければ、いつまでたってもデータのやりとりは始まりません。

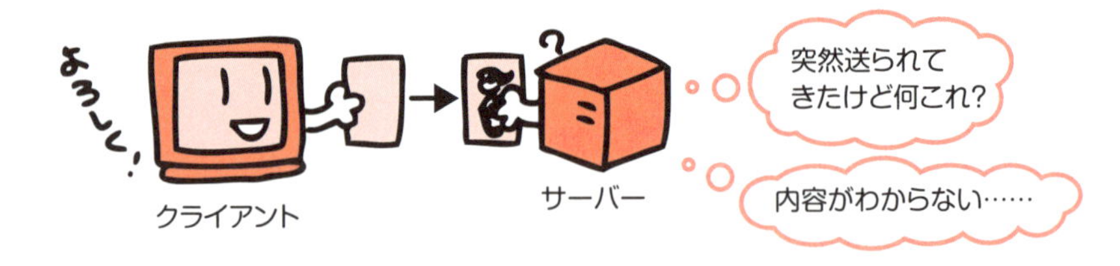

そこで、あらかじめどのようにデータをやりとりするかという決まり事を作っておき、クライアントとサーバーの両方がその決まり事を理解できるようにしておきます。これがプロトコルです。

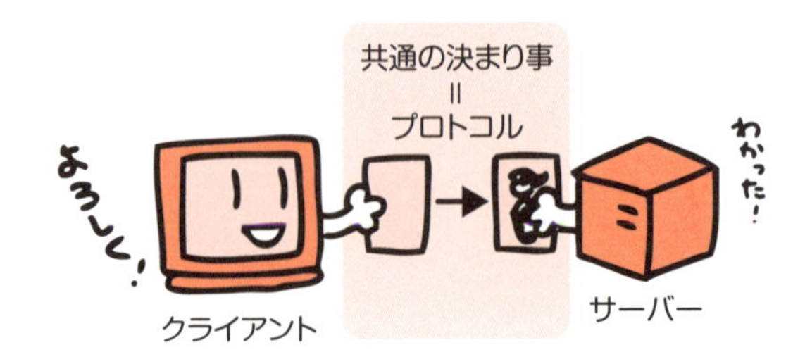

ネットワークに参加している すべての機器が同じプロトコルに対応

ネットワークでは、ネットワークに参加しているすべての機器が共通のプロトコルに対応している必要があります。同様に、ネットワークに参加している機器に採用されているOSやネットワークを利用するソフトウェアも、同じプロトコルに対応していなければなりません。

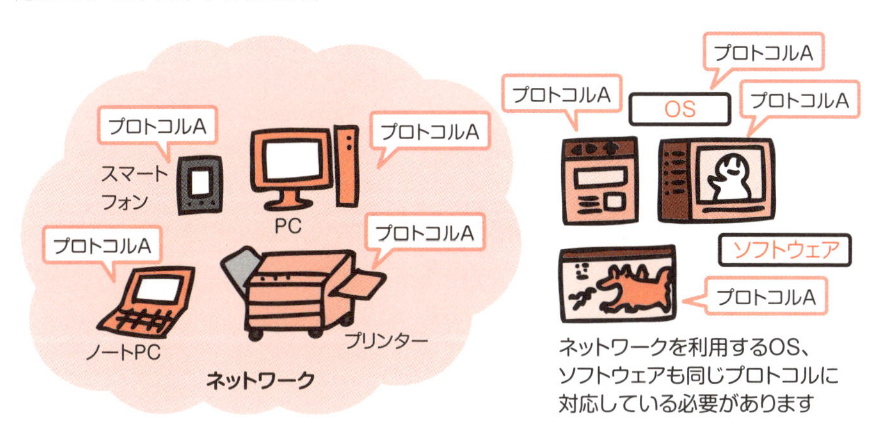

標準プロトコル TCP/IP

現在のネットワークで標準的に利用されているプロトコルがTCP/IPです。TCP/IPは世界中のネットワークをつないだネットワークであるインターネットでも利用されており、世界のネットワークの共通言語といってよい存在です。

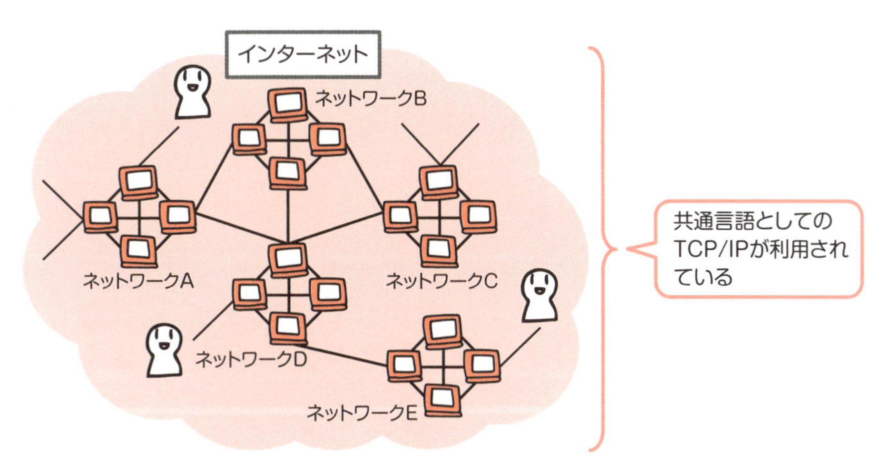

4 プロトコルのレイヤー構造

プロトコルは、データをやりとりする時の順番に応じて、レイヤー（階層）に分けられています。このレイヤー構造を体系的にまとめたものが「OSI参照モデル」です。TCP/IPも、レイヤーとしてまとめられています。

多くの決まり事をレイヤーで整理する

ネットワークを介してデータをやりとりするには、データの中身に関する決まり事、データを正確に届けるための決まり事、データをやりとりする相手を特定するための決まり事など、たくさんの決まり事が必要です。つまり、それだけ多くのプロトコルが必要ということです。

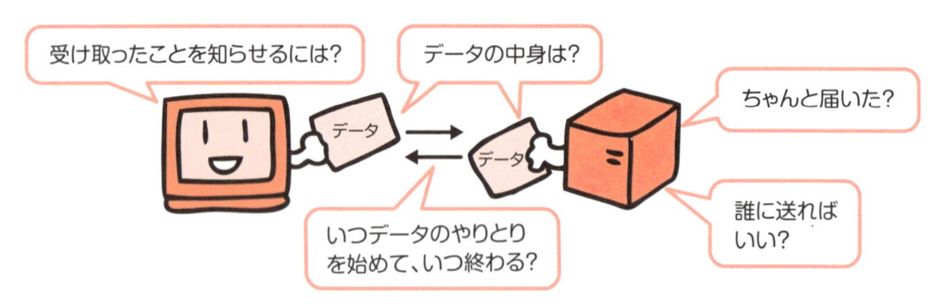

これらの決まり事は、データをやりとりする作業の順番に従って、レイヤー（階層）構造としてまとめられています。作業の順番は、データを送る側は7から始めて6、5、……1、受け取る側は逆に1から始めて2、3、……7となります。あるレイヤーから見て、下の位置にあるレイヤーを「下位」、上の位置にあるレイヤーを「上位」と呼びます。

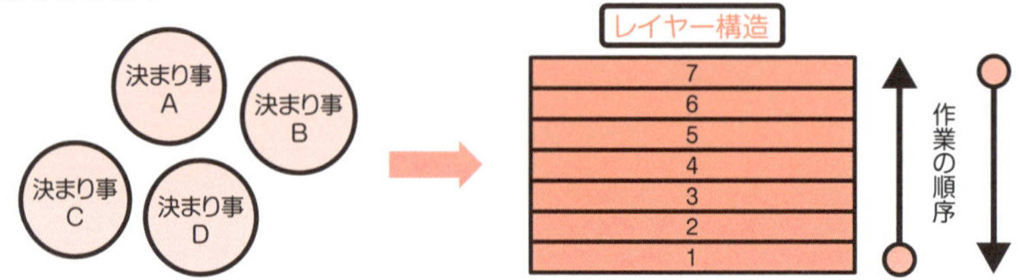

OSI 参照モデル

決まり事をまとめたレイヤー構造としてよく知られているのが、ISO（国際標準化機構）が定めたOSI参照モデルです。OSI参照モデルは「こうすればいい」という概念なので、実際のネットワークにそのまま当てはまるわけではありません。

● OSI 参照モデル

第7層	アプリケーション層
第6層	プレゼンテーション層
第5層	セッション層
第4層	トランスポート層
第3層	ネットワーク層
第2層	データリンク層
第1層	物理層

OSI参照モデルは、ネットワーク機器の機能を表現するときに使われています。例えば「レイヤー2スイッチ」という機器がありますが、名前からOSI参照モデルのレイヤー2までのプロトコルに対応した機器だとわかります。また、真ん中のレイヤーだけに対応している機器というものはなく、例えばレイヤー4スイッチであれば、レイヤー1からレイヤー4までのすべての下位レイヤーに対応しています。

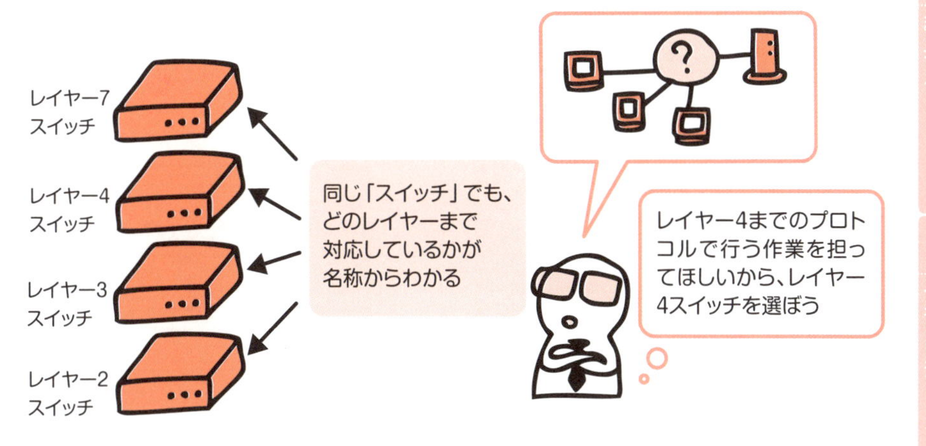

TCP/IP のレイヤー構造

現在のネットワークで標準的に使われているプロトコル TCP/IP も、OSI 参照モデルと同じようにレイヤー構造にまとめられています。TCP/IP のレイヤー構造は、実際のネットワークで使うことを考えて決められたレイヤー構造です。

● TCP/IP の階層

階層名	代表的なプロトコル
アプリケーション層	HTTP、FTP、DNS、SMTP、POP3
トランスポート層	TCP、UDP
インターネット層	IP、ICMP、ARP
ネットワークインターフェイス層	イーサネット、PPP、ISDN

各レイヤーからプロトコルを選んで使う

TCP/IP のレイヤーは 4 つに分けられていますが、それぞれの階層に、複数のプロトコルが含まれています。ネットワークでデータをやりとりするときには、各レイヤーから利用するプロトコルを 1 つずつ選びます。つまり、一度のデータのやりとりに、レイヤーの数だけプロトコルが使われているということになります。このように TCP/IP は、たくさんのプロトコルがレイヤー構造にまとめられた「プロトコル群」であると言えます。

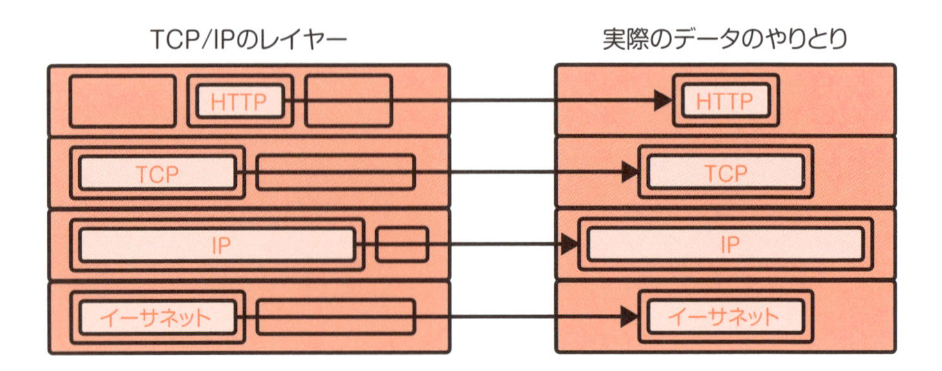

レイヤー構造にすると便利なこと

わざわざレイヤー構造に分けなくても、1つのプロトコルとしてまとめればシンプルでいいのに、と思うかもしれません。しかし、1つのプロトコルにまとめるのは効率的ではありません。例えば、1つのレイヤー内のプロトコルを変更する場合、レイヤーで分けていれば、変更は1つのレイヤーのみですみます。

これを1つのプロトコルとしてまとめていた場合、小さな変更を行う場合にも、TCP/IPの全体を入れ換えなければならなくなります。

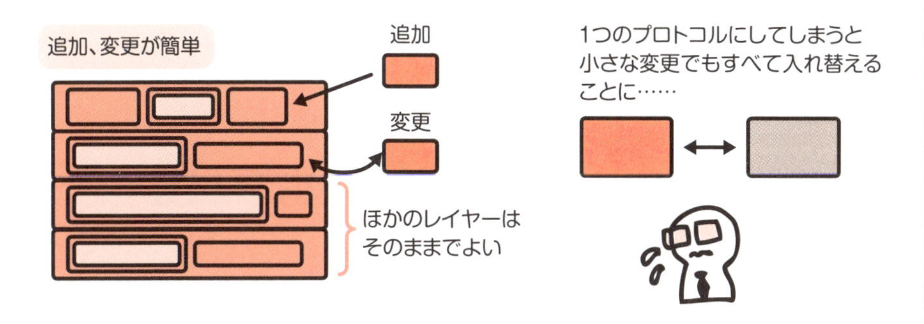

また、プロトコルを複数のレイヤーに分けていれば、共通する機能を重複して持たずにすむというメリットもあります。

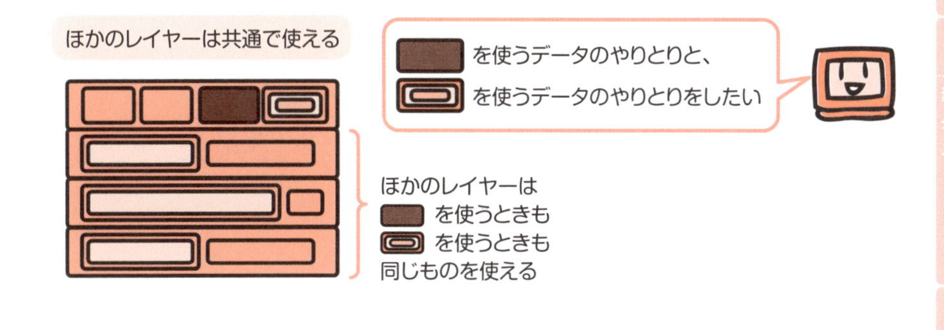

5 ネットワークには住所がある

ネットワークを使ってデータをやりとりするには、誰と誰がデータをやりとりするのかを、郵便物における住所のような形で特定する必要があります。この相手を特定するための仕組みは、データのやりとりに使われるプロトコルのレイヤーごとに用意されています。

テレビやラジオは不特定多数に届ける

テレビ、ラジオなどのマスメディアは、不特定多数のユーザーに向けて情報を発信しています。視聴者を特定して送っているわけではありません。

ネットワークは特定の相手に届ける

それに対してネットワークでは、相手を特定してデータを送っています。たくさんのコンピューターや機器、ソフトウェアの中から「このコンピューターの、このソフト」と指定してデータを送っているのです。

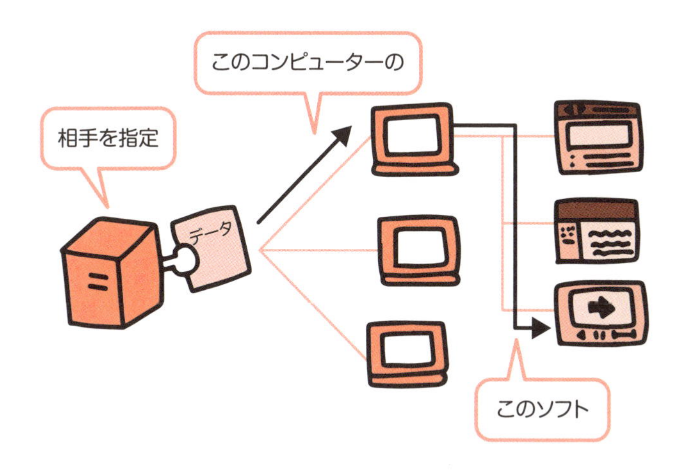

ネットワークにおいて、サーバーは多くのクライアントとの間で同時にデータをやりとりしますが、それぞれのクライアントをすべて把握しています。一度に多くの相手とやりとりしながらも、一人一人を把握しているという意味では、コールセンターと似ているかもしれません。相手を特定してデータをやりとりすることが、ネットワークの大きな特徴です。

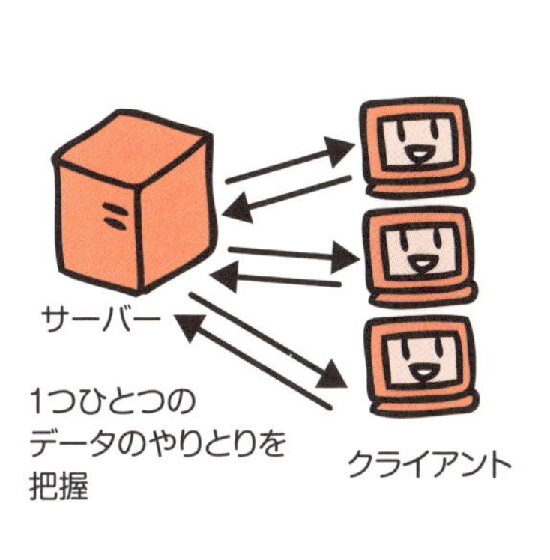

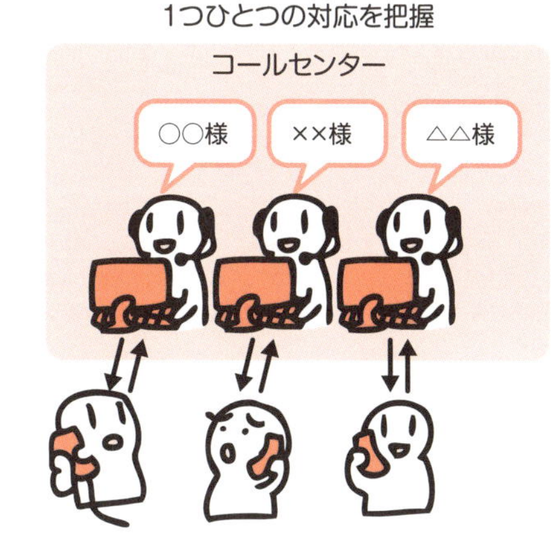

ネットワークで相手を特定するには

　ネットワークでデータを送る仕組みは、マンションに宅配便で荷物を送る仕組みと似ています。マンション全体が1台のコンピューターだとすると、マンションの中に部屋がいくつかあってそれぞれに住人がいるように、コンピューターの中にも、いくつかのソフトウェアがあります。そして、それぞれのソフトウェアが、ネットワークを使ったデータのやりとりをしています。

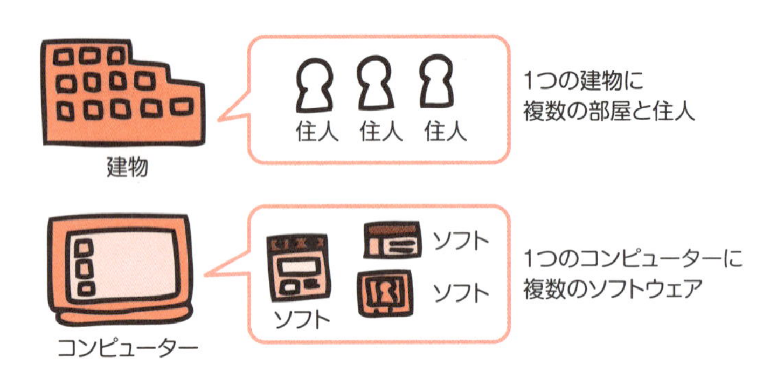

　あるマンションのある部屋に荷物を送る場合、荷物には相手の住所を書きます。同じようにネットワークでも、データという荷物に相手の住所を書きます。住所の最後に付けるマンションの部屋番号は、ネットワークではソフトウェアの住所にあたります。このように、たくさんの中から1つを特定するために文字や数字を使って付けるものを「識別子」と呼びます。

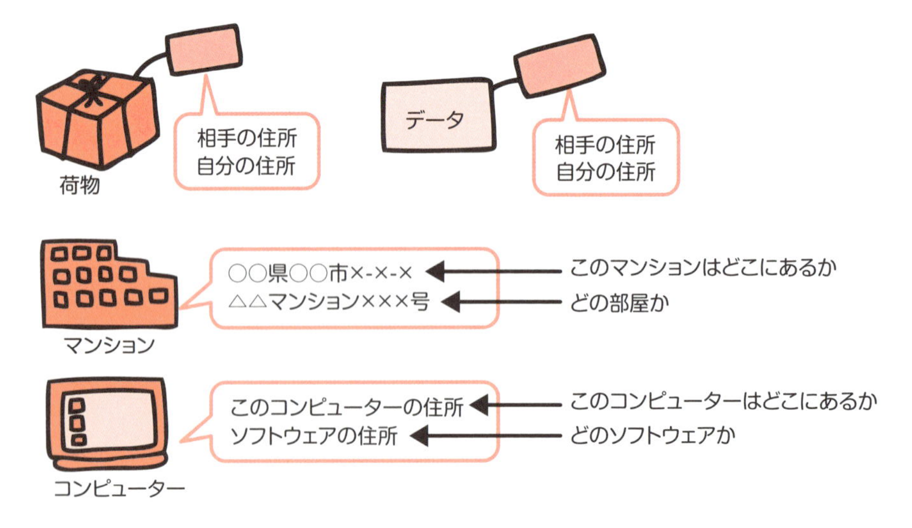

「次に持って行くところ」の住所も必要

荷物を送るときは、ひとりの人が最初から最後までその荷物を持って行くわけではありません。途中に配送センターなどを経由して送られていきます。ネットワークも同じで、送り主から送り先まで、複数のコンピューターや機器を経由してデータが送られていきます。

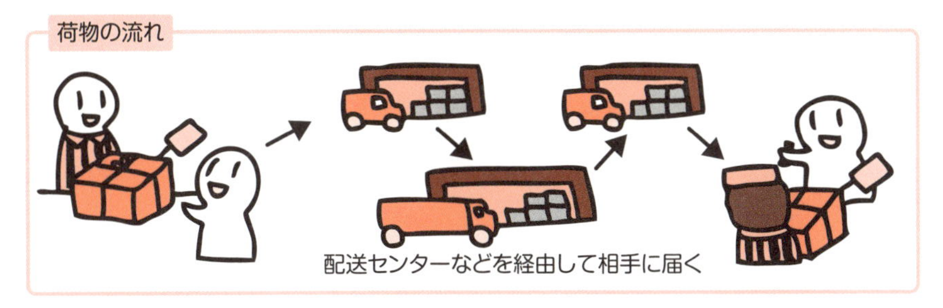

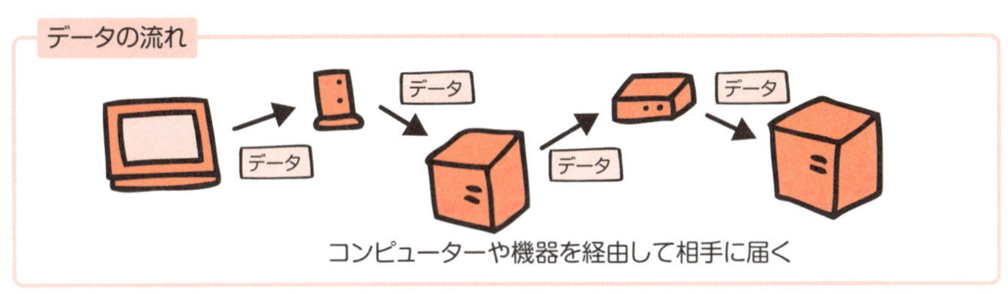

そのため、最終的に受け取る人の住所とは別に、「次に持って行くところ」の住所が必要になります。荷物に配送センターの住所が必要であるように、ネットワークでも、最終的に受け取るコンピューターや機器の住所とは別に、次にデータを送るコンピューターや機器の住所が必要なのです。

データが送り主から送り先に届くまでには、複数のコンピューターや機器を経由する必要があります。つまり、「次にデータを送る」宛先は、途中で次々に変わっていくということです。

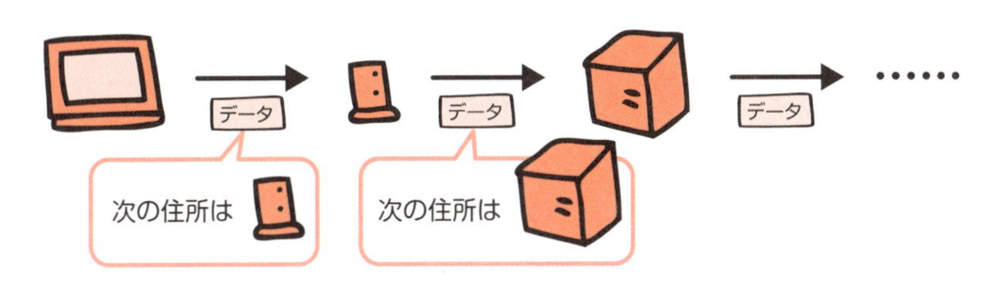

1つのデータのやりとりには複数の住所が必要

　このように、データを送るためには「最終的に受け取る相手の住所」と「次に送る相手の住所」が必要になります。また、それぞれの住所にはマンションの部屋番号のような「ソフトウェアの住所」を付けなければなりません。このように、1つのデータのやりとりには複数の住所が必要になるのです。

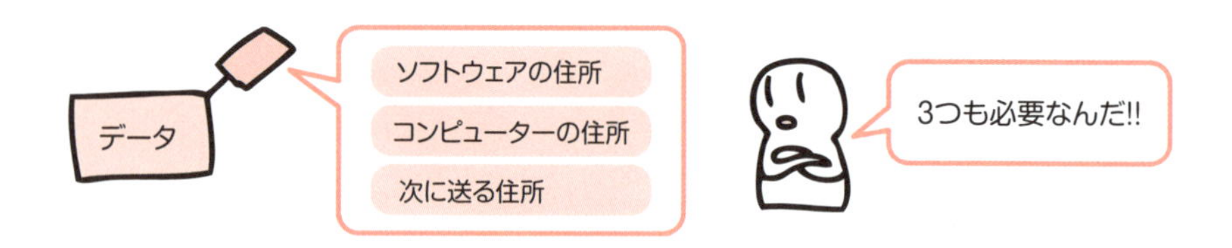

　こうしたデータのやりとりで行われる作業は、レイヤー＝階層として整理されています。データの送り主はレイヤーの上位から順に、送り先はレイヤーの下位から順に処理を行っていきます。

　例えば次の機器に送るための住所は、コンピューターや機器がケーブルを通じてデータを送り出したり受け取ったりするときに必要となります。そのためTCP/IPのレイヤーでは、ネットワークインターフェイス層が行う処理となっています。

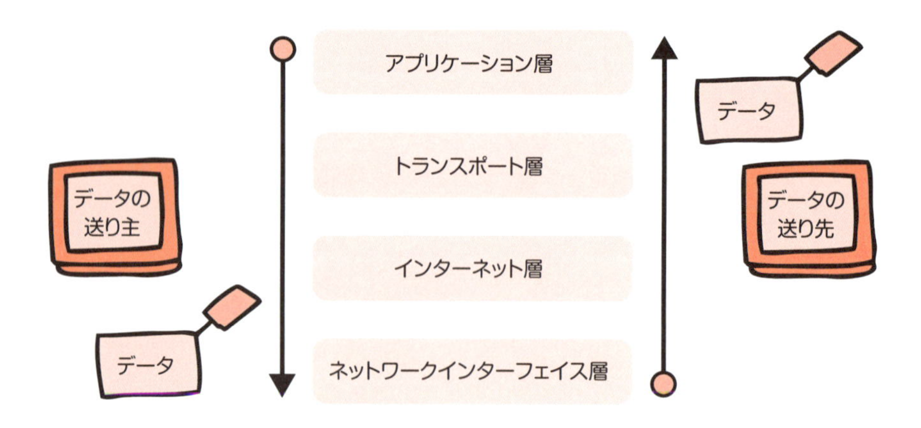

レイヤーごとに必要な住所がある

このようにレイヤーごとに役割を分担しているネットワークでは、レイヤーごとに処理を行うために必要な住所が用意されています。

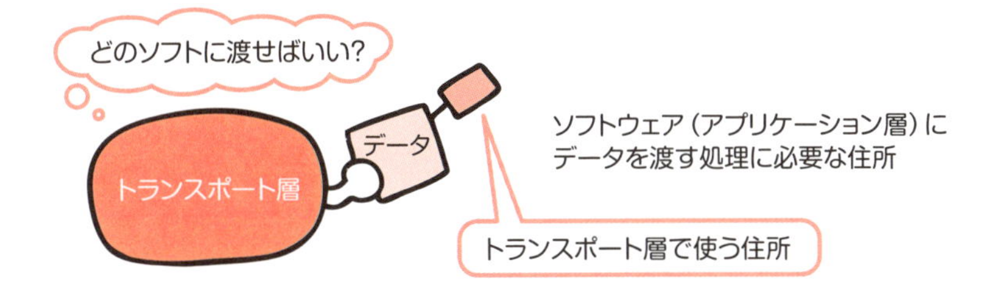

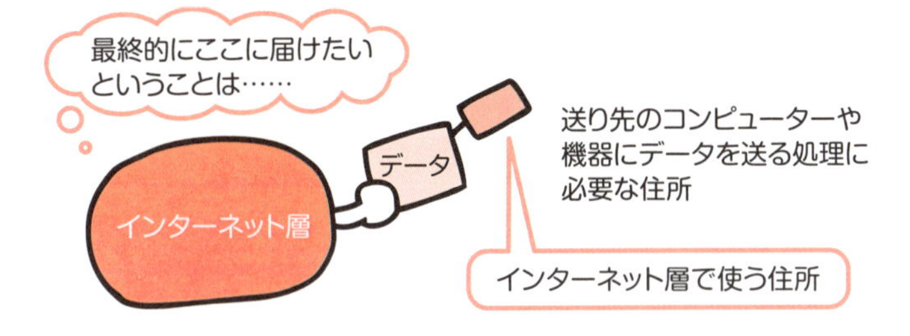

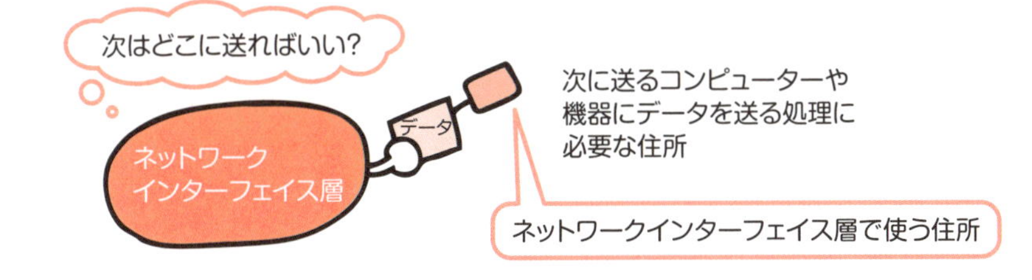

インターネットとLAN

ネットワークには、さまざまな種類があります。LAN、WAN、インターネットなど、それぞれのネットワークの特徴と違いをここで整理しておきましょう。

 LANとWAN

LANは、企業や学校、家庭など、同じ建物や敷地内にあるネットワークのことです。「ローカル・エリア・ネットワーク」、つまり狭い範囲のネットワークという意味になります。これに対し、企業の支社間や家庭と企業というように、広い地域を結んだネットワークをWANと呼びます。「ワイド・エリア・ネットワーク」、つまり広い範囲のネットワークという意味です。

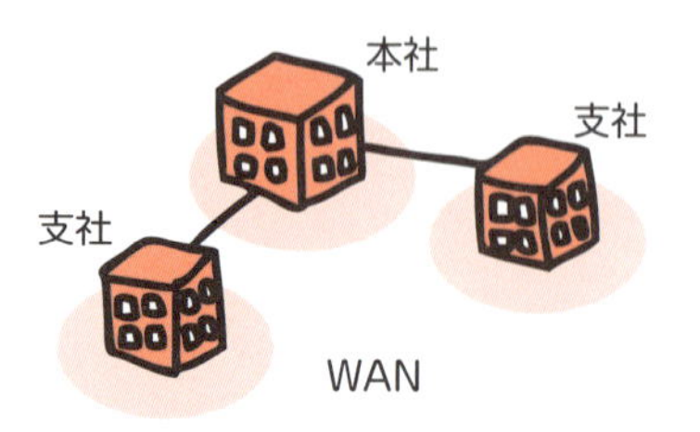

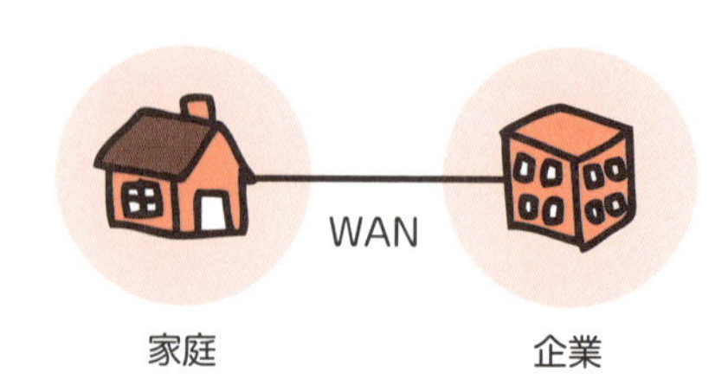

LAN と WAN の特徴

LAN と WAN は、ある範囲で閉じられたネットワークです。そのため、ネットワーク全体を管理することができます。

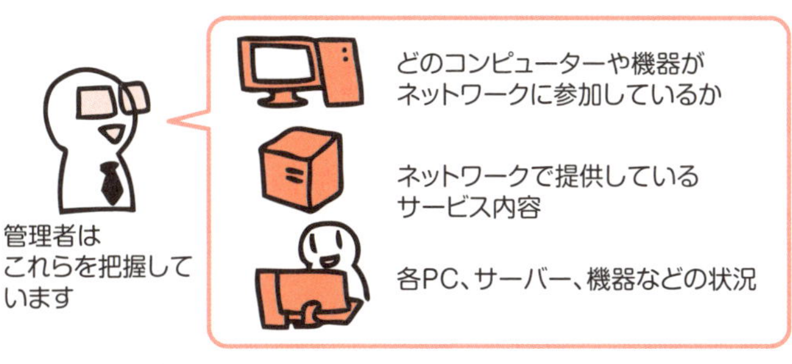

インターネットの特徴

閉じられた環境を構成する LAN や WAN とは異なり、世界中のネットワークどうしをつないで地球規模の巨大なネットワークを作り上げたのがインターネットです。インターネットは、参加する条件さえ整えれば誰でも参加できる、開かれたネットワークです。インターネットで使われる規格を決める団体はありますが、インターネット全体を管理している団体や、全体を管理しているサーバーはありません。

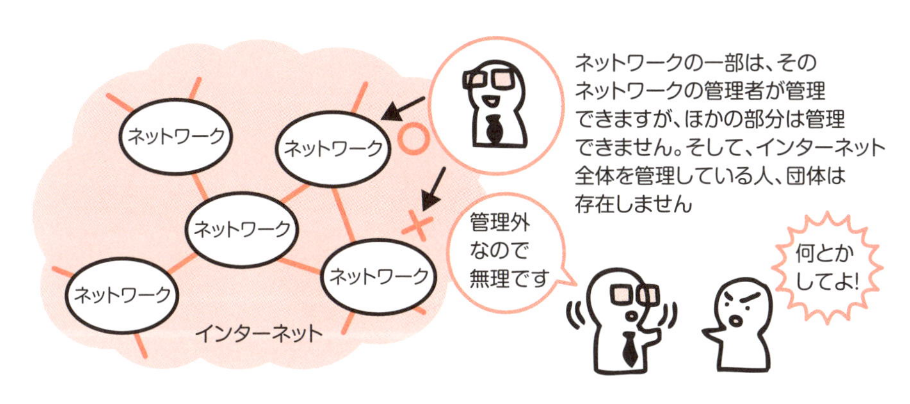

インターネットは WAN ？

「全体を管理できるかどうか？」という視点で見ると、インターネットは WAN ではありません。

一方、「ワイド・エリア・ネットワーク」、つまり広い地域にまたがるネットワークという視点で WAN を見ると、全体を管理できるかどうかは関係なく、インターネットは WAN である、とする場合もあります。実際、ルーターの差し込み口に書かれている「WAN」は、インターネットを指しています。このように、WAN の定義にはインターネットを含むこともあるので注意しましょう。

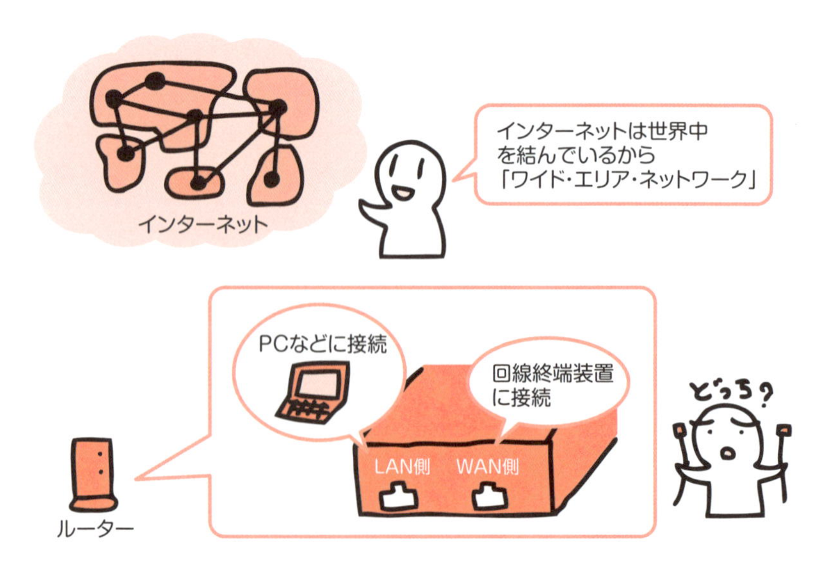

インターネットとイントラネット

インターネットによく似た言葉に、イントラネットというものがあります。イントラネットは、インターネットで使われている技術を使用したLANのことです。プロトコルは、インターネットと同じTCP/IPを採用しています。インターネットと同じ技術を使っていますがLANであることには変わりないので、全体を管理することができます。LANでTCP/IPを利用することで、インターネットで利用されているサービスに近いサービスを、LANに手軽に導入することができます。企業ネットワークの多くはイントラネットです。

インターネットで使われている
技術を使うことで、1からオリジナル
で作るよりも安くすむ

なじみのあるインターネットの
サービスに使い勝手が近いものを
提供できるのでわかりやすい

LANでインターネットを使えるのはなぜ？

企業ネットワークなどのLANに参加しているPCからは、インターネットを利用することができます。これは、LANの内部にインターネットを利用するためのサービスを提供するサーバーや機器があり、各PC（クライアント）の代わりにインターネット接続の役割を担っているからです。

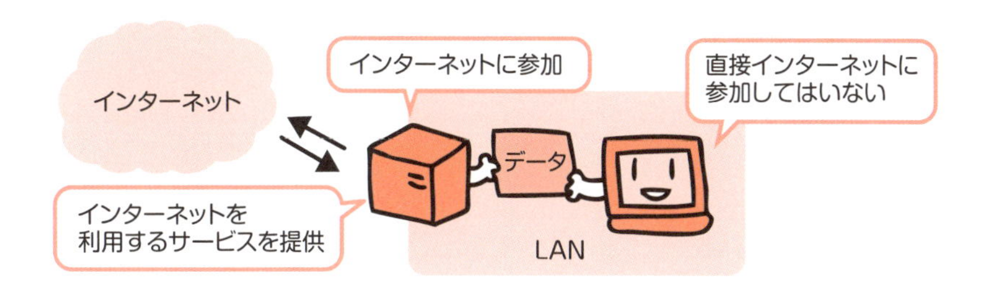

1 ネットワークって何だろう？
2 データを相手に届けるための技術
3 データを活用するための技術
4 ネットワークを導入する
5 ネットワークのセキュリティ

COLUMN

かつての携帯電話は独自プロトコルを採用

スマートフォンが登場する前の携帯電話は、プロトコルとしてTCP/IPではなく、携帯電話会社独自のプロトコルを採用していました。携帯電話からインターネットを利用するときは、携帯電話会社の設備でTCP/IPと独自のプロトコルを変換していたのです。

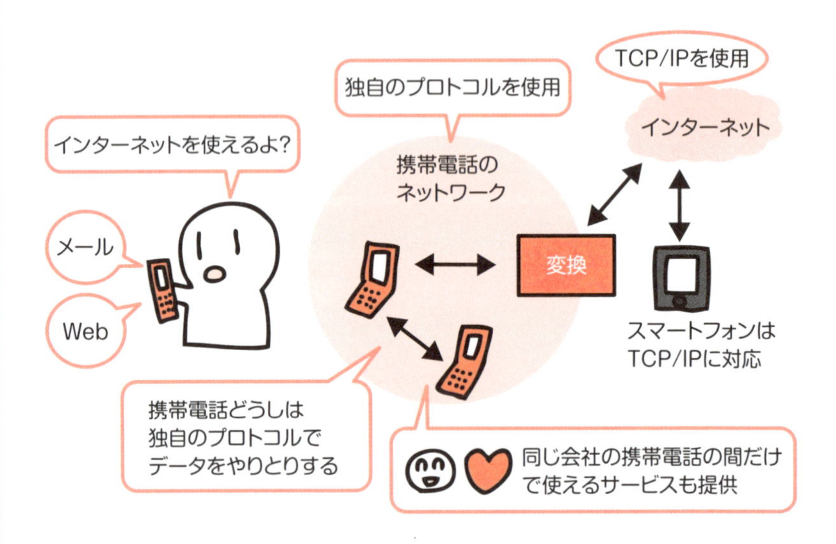

携帯電話会社のネットワークの中だけで利用できる、独自のサービスもあります。短い文章をやりとりするショートメッセージサービス（SMS）などです。以前は同じ携帯電話会社と契約している携帯電話どうしでないと使えませんでしたが、のちに他社の携帯電話との間でも使えるようになりました。その際もTCP/IPと同様に、携帯電話会社の設備で他の携帯電話会社が採用しているプロトコルと変換していたのです。

第2章 データを相手に届けるための技術

この章では、ネットワークでデータをやりとりするための「つなげる技術」について解説します。たくさんの技術が登場しますが、ポイントはレイヤーという考え方です。違うレイヤーに属する仕組みをごちゃまぜにして考えると混乱します。レイヤーごとに違う作業をしていることを意識しつつ、どのレイヤーに属する仕組みなのかをはっきりさせておくことで、より理解が深まります。

1 データをやりとりする条件を知ろう

ネットワークを介したデータのやりとりは、データを単に送って受け取ればよいというわけではなく、データを「確実に」やりとりする必要があります。この「データを確実にやりとりする」とは、いったいどういうことでしょうか。個々の技術を解説する前に、「確実」の条件を整理しておきましょう。

相手にデータを届け、相手からデータを受け取れること

「データを確実にやりとりできた」と言えるには、いくつかの条件があります。まずは、データをやりとりしたい相手との間をつなぎ、データを送ったり、受け取ったりできることです。そのためには、次の図のような技術が必要となります。

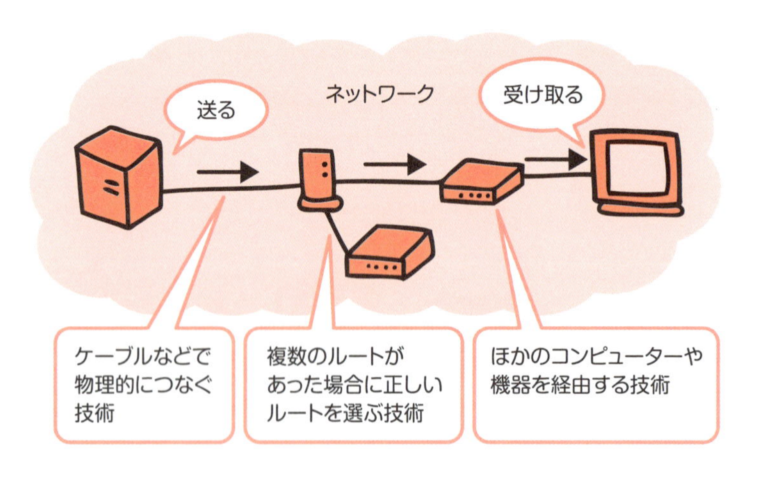

データをやりとりする相手を特定し、届いたかを確認できること

次に、データをやりとりする相手を特定し、正しい相手とデータをやりとりできることも重要です。また、データの送り手と受け手が「データを確実にやりとりできた」と確認するための技術も必要です。

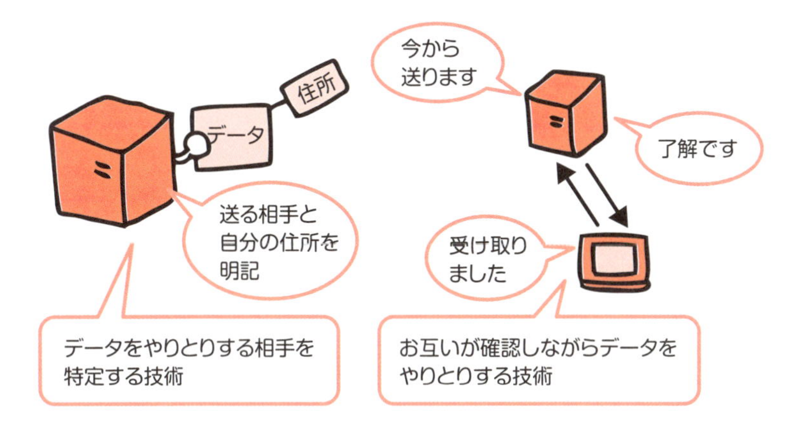

お互いがデータを正しく理解できること

データが届いても、データの内容が正しく理解されなければ、データを確実にやりとりできたとは言えません。データの送り手と受け手、両方が理解し、正しく扱うことのできるかたちに整えてからやりとりする必要があります。

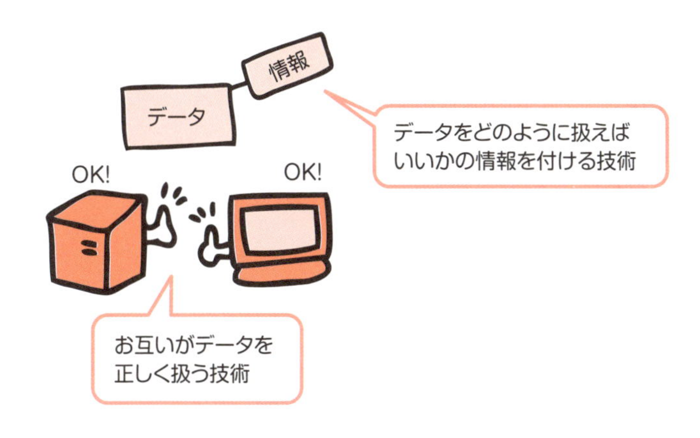

2 パケットとヘッダー

「パケット」と「ヘッダー」は、ネットワークを介したデータのやりとりの、もっとも基本となる考え方です。ネットワークを行き来するデータは、すべてパケットとして分割され、ヘッダーが付けられています。

データはパケットに分割されてネットワークに送り出される

ネットワークを行き来するデータは、そのまま送り出されるわけではありません。送り出されるときに、分割されています。分割されたデータを「パケット」と呼びます。

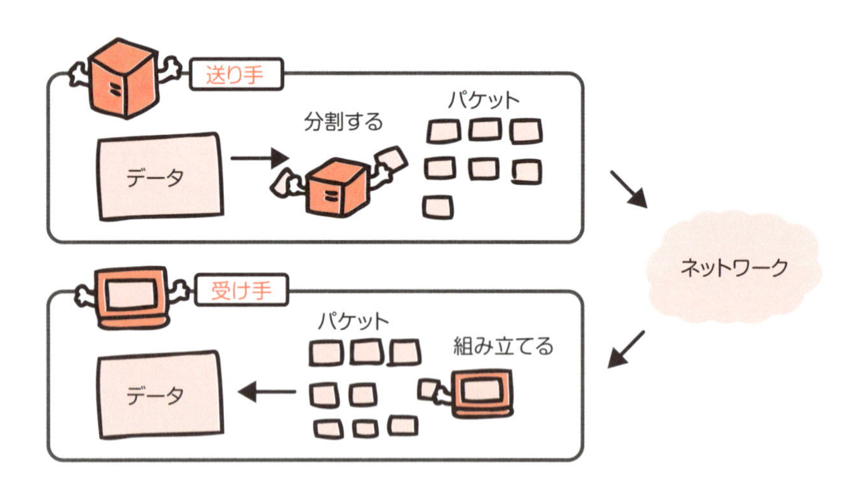

送り手はデータをパケットに分割し、送り出します。受け手はパケットを組み立てて、元のデータに戻します。

パケットにはヘッダーとトレーラーが付けられる

分割されたパケットには、そのパケットを適切に扱うための制御情報が付けられます。パケットの先頭に付ける制御情報をヘッダー、末尾に付ける情報をトレーラーと呼びます。ヘッダーには、データ本体を扱う前に知っておきたい情報が入っています。トレーラーには、データを全部受け取ったあとに確認するための情報が入っています。

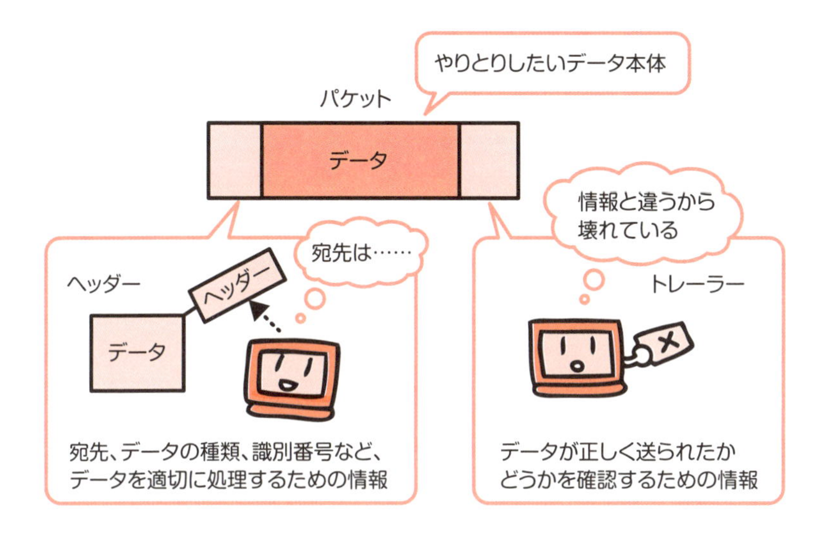

パケットは日本語で「小包」という意味です。データ本体が小包だとすると、ヘッダーは住所などを書いた荷札、トレーラーは納品書のようなイメージです。

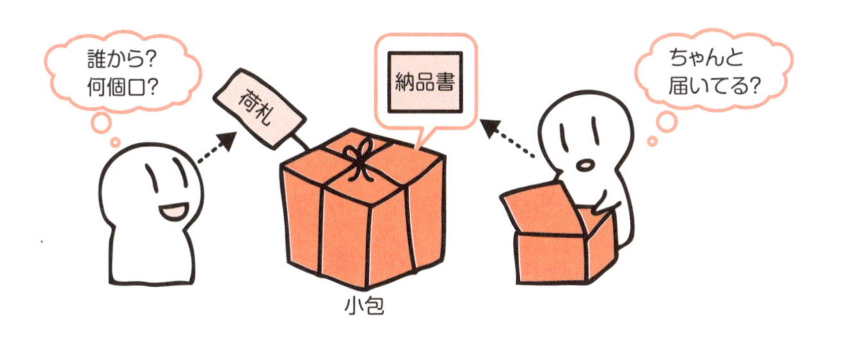

1 ネットワークって何だろう?
2 データを相手に届けるための技術
3 データを活用するための技術
4 ネットワークを導入する
5 ネットワークのセキュリティ

パケットはレイヤーごとに作られる

TCP/IP の場合、送りたいデータは4つのレイヤーからそれぞれ1つずつ選ばれたプロトコルに沿って処理されます。同じデータを、レイヤーの数だけ4回処理していることになります。

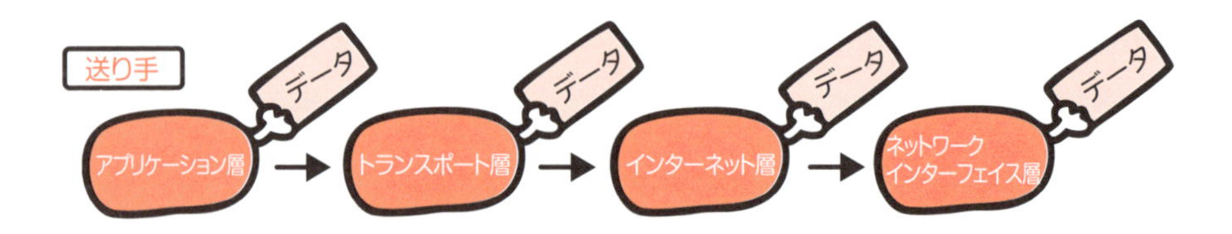

アプリケーション層のプロトコルに沿って処理されたデータは、続いてトランスポート層のプロトコルに沿って処理されます。このとき、データはパケットに分割され、ヘッダーが付けられます。

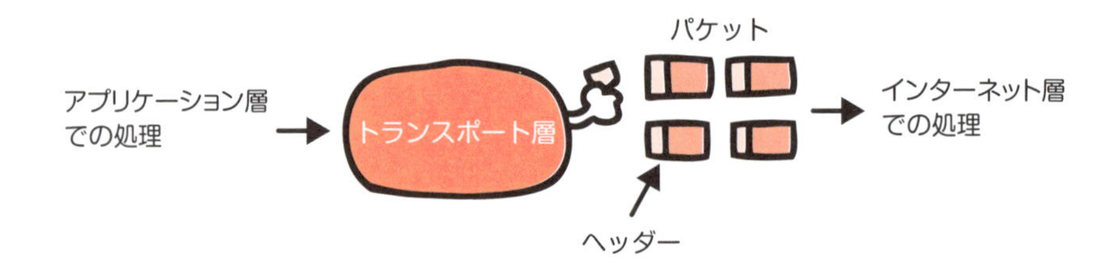

トランスポート層のプロトコルに沿って処理されたデータは、次にインターネット層のプロトコルに沿って処理されます。このときトランスポート層の処理時に付けられたヘッダーは、送りたいデータ本体と区別せず1つのデータとして扱われ、さらに分割されてヘッダーが付けられます。

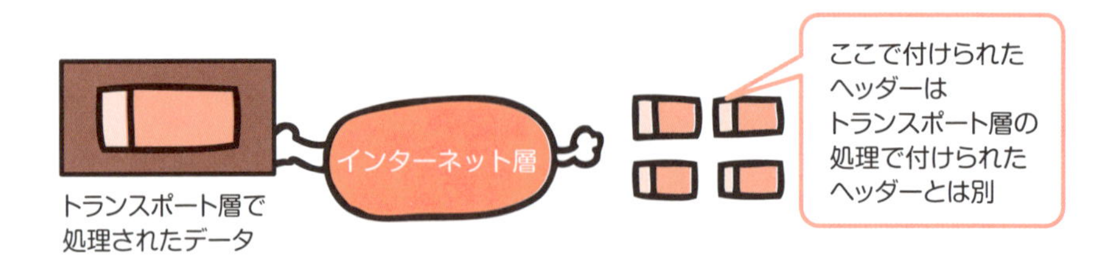

ネットワークインターフェイス層でも同様に、インターネット層で付けられたヘッダーをデータ本体と区別せず扱い、さらに分割してヘッダーとトレーラーを付けます。

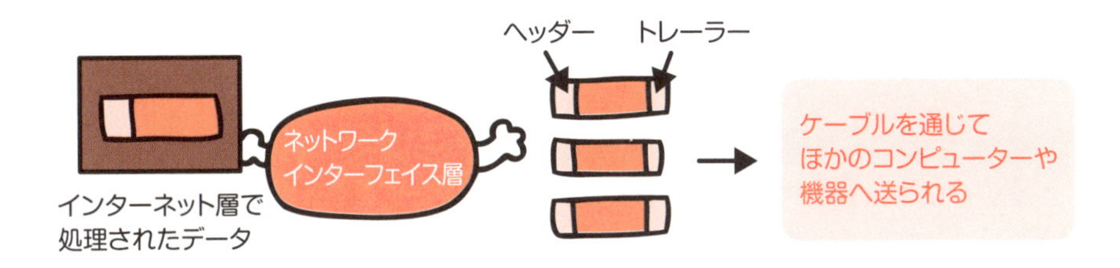

このように、あるレイヤーで付けられたヘッダーやトレーラーに含まれる制御情報は、ほかのレイヤーでは「データ本体」となるため利用されません。これをカプセル化と呼びます。

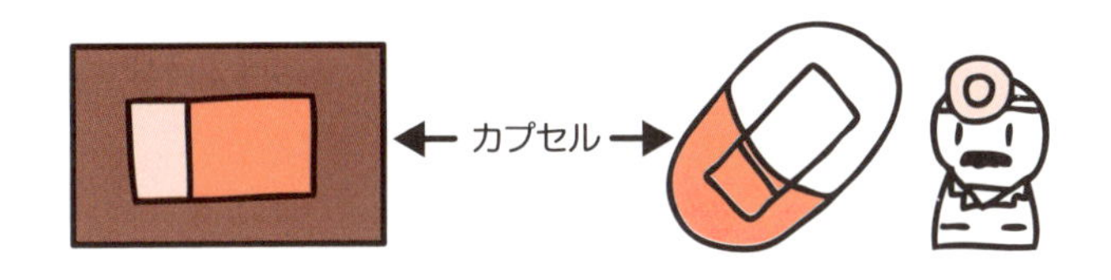

セグメント、データグラム、フレームとパケットの関係

プロトコルによって、パケットのことをセグメント、データグラム、フレームと呼ぶこともあります。名称は変わっても、データを分割してヘッダーやトレーラーを付けるという基本は同じです。これらは呼び分ければより正確ですが、パケットという言葉はセグメント、データグラム、フレームの総称としても通用しています。すべてパケットと呼んでも間違いではありません。

名称	プロトコル
セグメント	TCP
データグラム	UDP、IP
フレーム	イーサネット

3 データ送信の方式

データのやりとりは通常、送る側と受け取る側が1対1の関係になっていますが、受け取る側が複数になる場合もあります。その際は、1対複数のデータのやりとりに使う専用の識別子を使って、データを送る相手を特定します。

ユニキャストは1対1の関係

1つの相手にデータを送ることをユニキャストと呼びます。Webサービスやメールサービスなど、私たちが利用しているネットワークサービスのほとんどがユニキャストでデータを送りあっています。

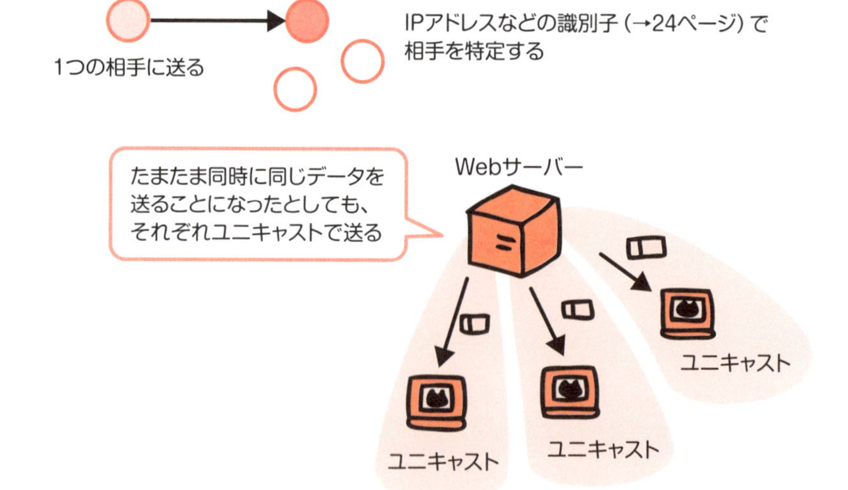

ユニキャスト以外の方式

ネットワークではユニキャスト以外の方式も使われています。

複数の相手に送るマルチキャスト

複数の相手にデータを送ります。データはネットワークの途中にある機器で複製され、マルチキャストアドレスを持つ各コンピューターや機器に送られます。ビデオ会議システムやライブ中継などで使われています。

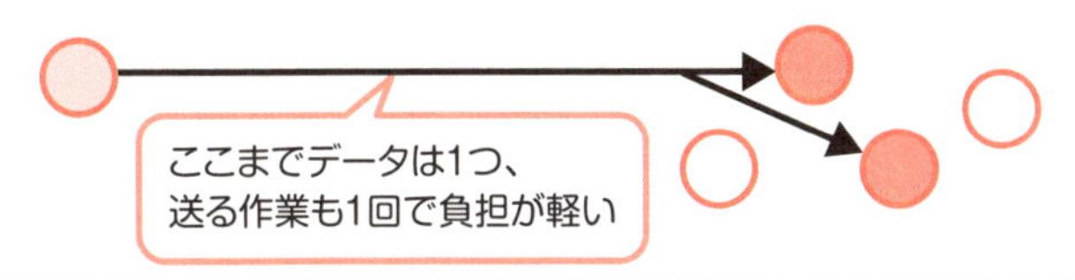

ネットワーク全体に送るブロードキャスト

1つのネットワークの中にいるすべてのコンピューターや機器に送ります。DHCPサービス（→84ページ）などで使われています。IPv6（→60ページ）では廃止されました。

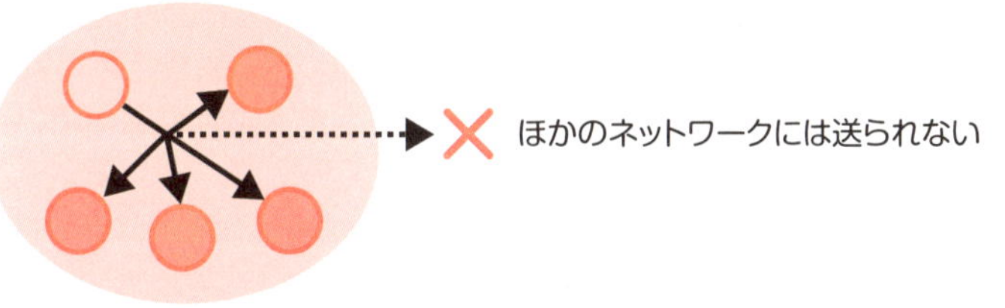

「どちらかよい方」に送るエニーキャスト

エニーキャストは同じサーバーが複数あって、そのうちどれかにデータを送るというときに使われます。DNSサービスで使われるルートサーバー（→81ページ）へデータを送るときはエニーキャストを使います。

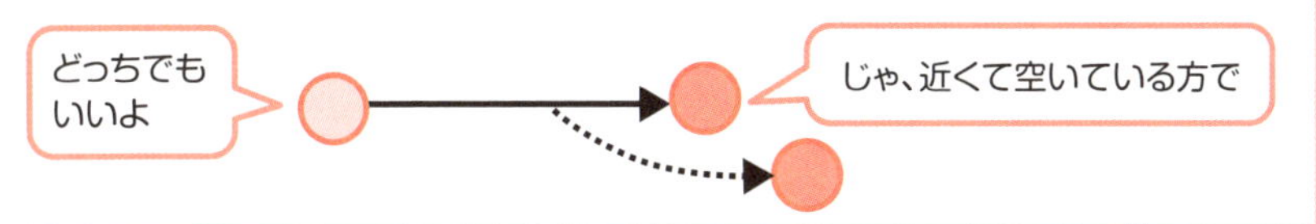

IP アドレス（→ 55 ページ）や MAC アドレス（→ 75 ページ）には、「『○○キャスト』にするときはこのアドレスを使う」というルールがあり、その決められたアドレスを使うことで送る方式をはっきりさせています。

4 ネットワークの標準 TCP/IP

TCP/IPはインターネットやLANで標準的に採用されているプロトコルです。PCをはじめスマートフォン、ゲーム機、AV機器などがTCP/IPに対応しています。

1980年代に米国で誕生したTCP/IP

TCP/IPは、米国国防総省の高等研究計画局(ARPA)の研究用ネットワーク「ARPANET」のために開発されたプロトコル群です。ARPANETはインターネットの起源ともいわれ、データをパケットに分割して送受信するしくみとして開発されました。TCP/IPはRFCという文書にまとめられ、誰でも参照できるようになっています。

ARPANET
(アーパネット)

インターネットの起源

このネットワークのために研究・開発されたプロトコル群がTCP/IP

TCP/IPはRFCという文書にまとめられて公開されている

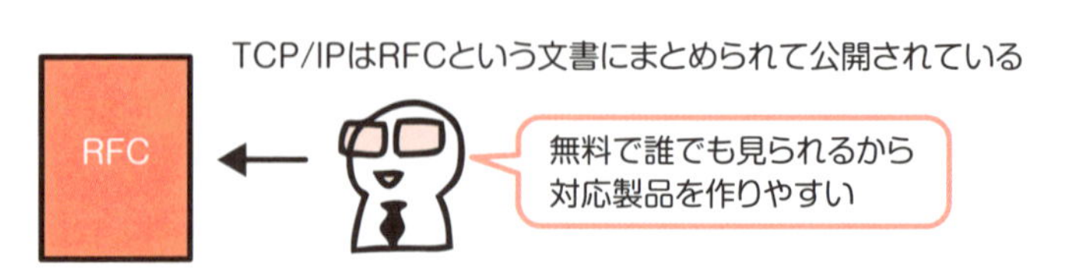

TCP/IPが誕生したのは1982年のことです。以来、追加、変更された部分もたくさんありますが、データのやりとりの基本は誕生した当時と変わりません。

RFC

RFC は、IETF (Internet Engineering Task Force) という団体が作成し公開しています。IETF のメンバーが「この新しいやり方を TCP/IP という決まり事として採用しよう」「この決まり事はもう古いのでやめたらどうか」「ここは修正したい」といった議論を交わし、決定したものを RFC として公開します。

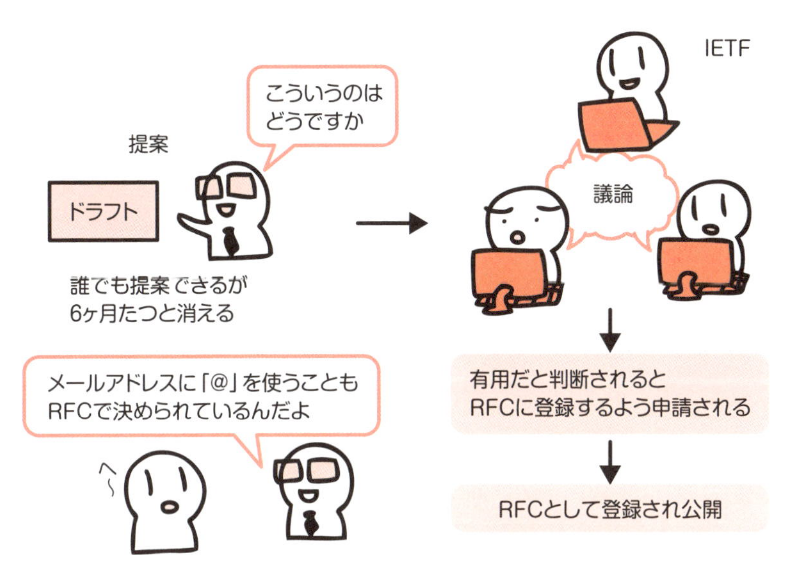

TCP/IP を実装する

TCP/IP を採用したネットワークには、TCP/IP を利用できるコンピューターや機器でなければ参加することができません。コンピューターや機器に、TCP/IP という決まり事に沿った処理を行う「TCP/IP プロトコルスタック」を組み込むことを、TCP/IP を「実装する」と言います。

TCP/IP に対応したハードウェア、TCP/IP プロトコルスタック、TCP/IP に対応したソフトウェアを揃えれば、TCI/IP を採用したネットワークを利用できます。

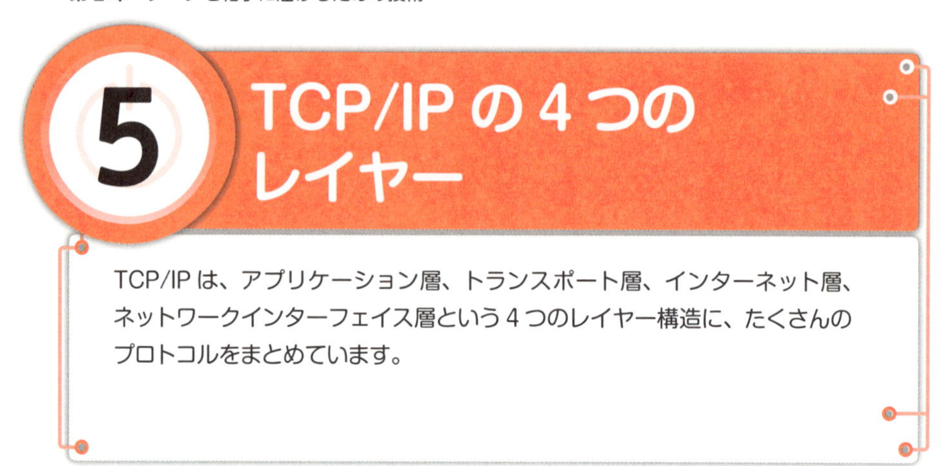

5 TCP/IPの4つのレイヤー

TCP/IPは、アプリケーション層、トランスポート層、インターネット層、ネットワークインターフェイス層という4つのレイヤー構造に、たくさんのプロトコルをまとめています。

各レイヤーのプロトコルを選んで処理を行う

TCP/IPは、複数のプロトコルを4つのレイヤーに分けています。データをやりとりするときは、各レイヤーから適切なプロトコルを1つずつ選んで、そのプロトコルに沿って処理を行います。

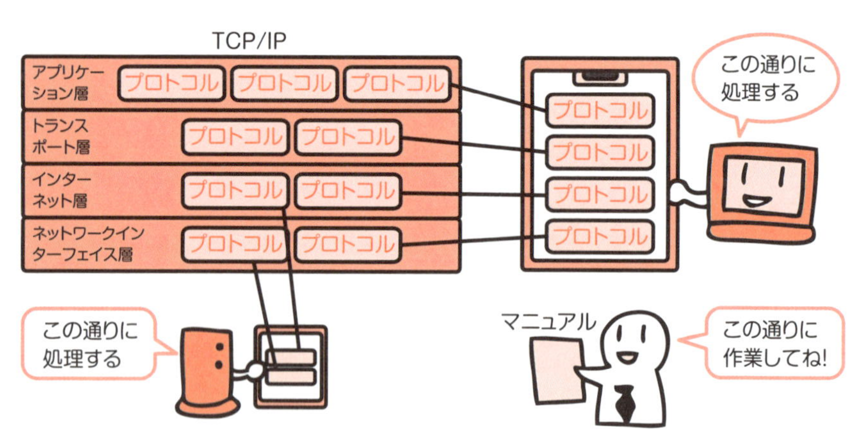

アプリケーション層はユーザーに一番近いレイヤー

アプリケーション層は、ユーザーが作成したデータを、プロトコルに沿って問題なくやりとりできるように整えるレイヤーです。反対に、受け取ったデータをユーザーが問題なく利用できるように整えるレイヤーでもあります。

アプリケーション層は、ユーザーにネットワークサービスを提供するレイヤーです。個々のプロトコルやネットワークサービスについては第 3 章でくわしく解説します。

データのやりとりを制御するトランスポート層

トランスポート層は、データを確実にやりとりするための処理を担当するレイヤーです。データをやりとりする相手との間で正しく届いたかどうかを確認したり、データを利用するソフトウェアへの経路を管理したりします。

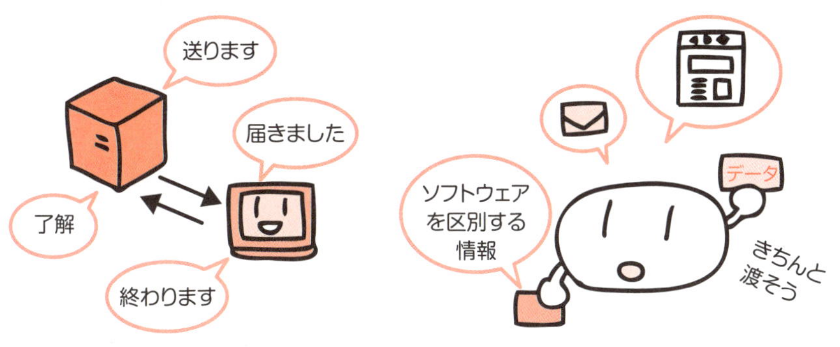

データをやりとりする相手と届いたかどうかを確認しあう

データを利用するソフトウェア（アプリケーション層）への経路を管理

最終目的地までたどり着くためのインターネット層

インターネット層は、最終的にデータを受け取る相手を特定し、そこにたどり着くまでの道のりを管理するレイヤーです。

次の目的地までを担当するネットワークインターフェイス層

ネットワークインターフェイス層は、隣り合ったコンピューターや機器との間のデータのやりとりを管理するレイヤーです。最終目的地ではなく、「次の目的地」までを担当します。また、端子の形状や、デジタルデータを電気信号などのアナログデータへと変換する手順といった、物理的な決まり事も含まれます。

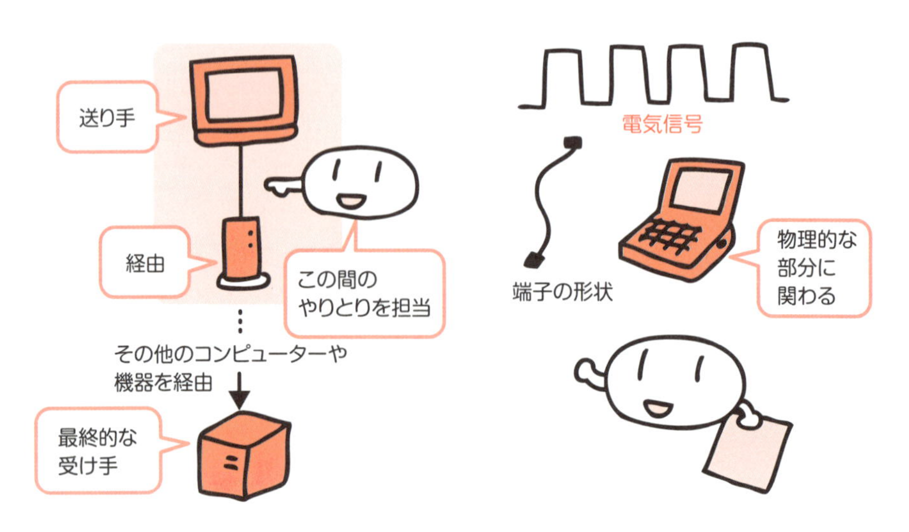

何を担当するかによって使う住所が決まってくる

トランスポート層、インターネット層、ネットワークインターフェイス層は、それぞれのレイヤーで、ネットワークの世界での住所にあたる識別子を使います。その識別子を使って、レイヤーごとの役割を果たします。各レイヤーは、ほかのレイヤーが使う識別子は使用しません。レイヤーが担当する作業に必要な識別子だけを使います。

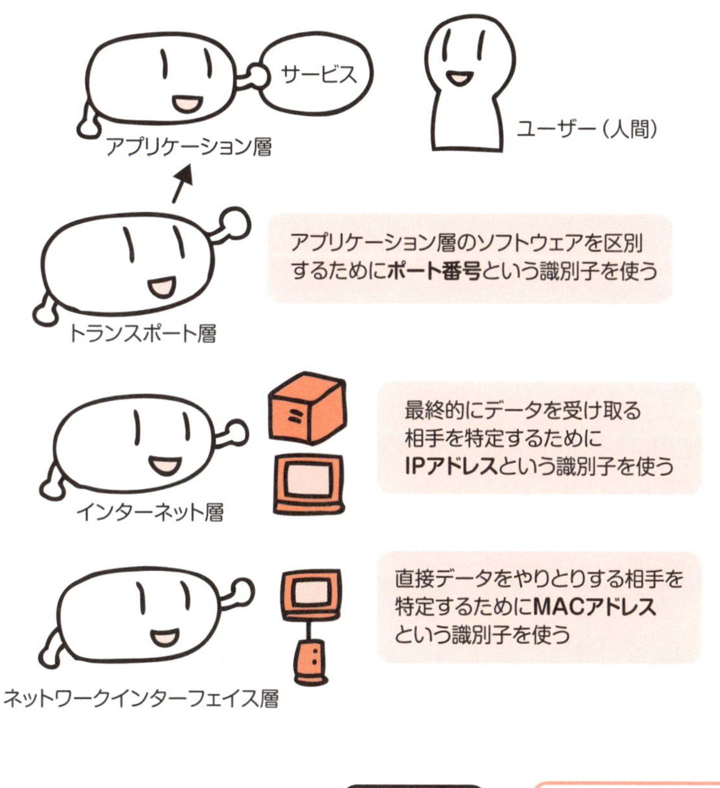

6 TCP と UDP

トランスポート層のプロトコルには、TCP（Transmission Control Protocol）とUDP（User Datagram Protocol）があります。Webサービスやメールサービスなど、ほとんどのネットワークサービスではTCPを使用します。UDPは動画配信などで使われています。

ソフトウェアからソフトウェアまでの仮想的な通路をつくる

ネットワークでは、1台のコンピューターで、同時に複数のソフトウェアとサーバーを使ってサービスを利用することができます。

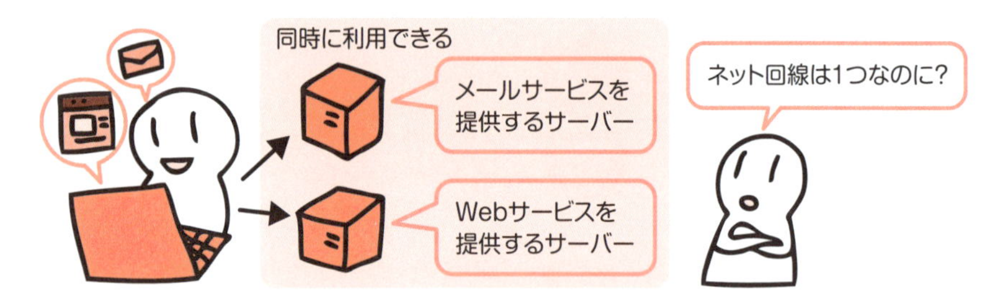

これは、トランスポート層がソフトウェアごとに仮想的なデータの通路を作り、管理しているからです。

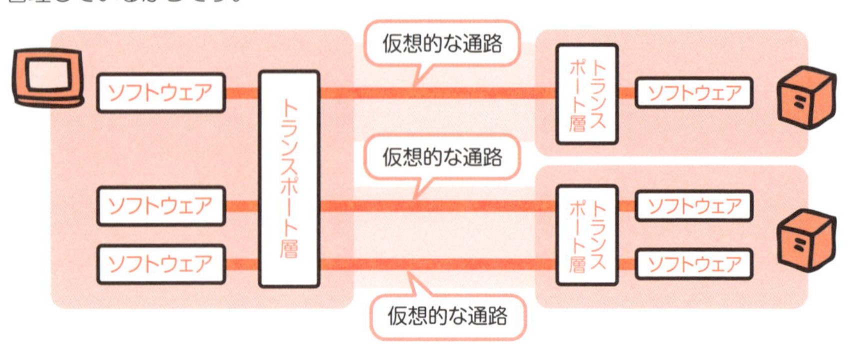

ポート番号で仮想的なデータの通路を識別

トランスポート層は、複数の仮想的なデータの通路を区別するために、ポート番号という識別子を使います。ポート番号は、ソフトウェアごとに付けられます。

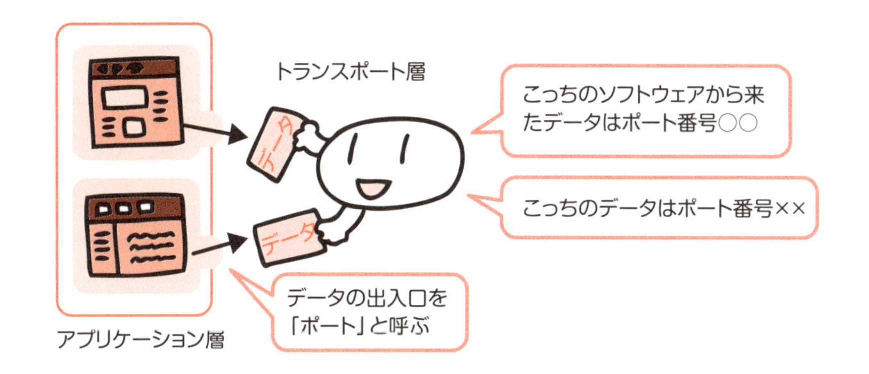

送り手のトランスポート層は、このとき付けたポート番号をヘッダーの情報としてデータ本体に追加して送り出します。あわせて、送り先である相手のソフトウェアのポート番号も、ヘッダーの情報として追加します。

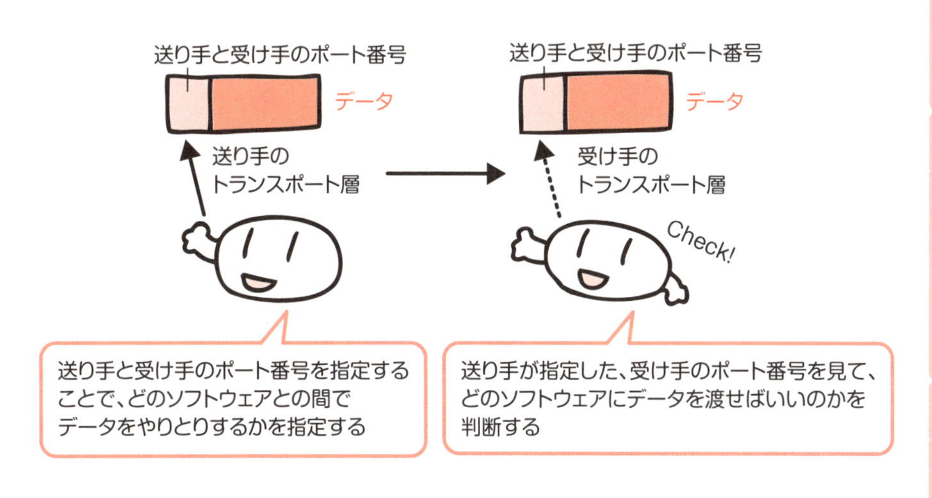

ということは、データを送る時点で自分と相手、両方のポート番号を知っている必要があるというわけです。では、どうやってポート番号を知るのでしょうか。

ポート番号の決め方

データのやりとりは、基本的にクライアントとサーバーの間で行われます。まずはクライアントから、「このデータを送ってください」という要求データをサーバーに送ります。

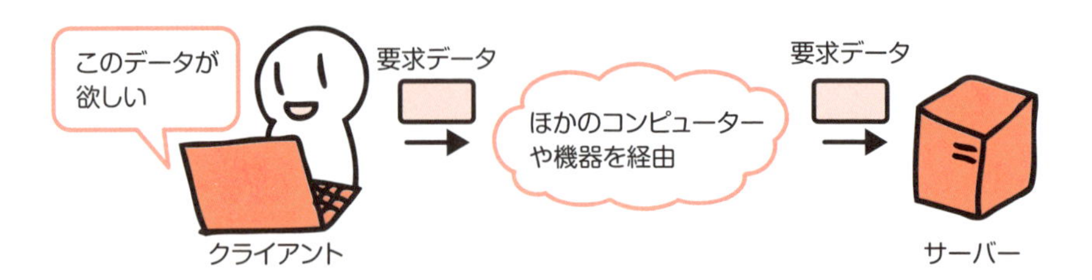

このときクライアントのトランスポート層は、自分と相手、両方のポート番号の情報を、ヘッダーに追加します。自分のポート番号は、49152～65535 の中から 1 つ選んで付けます。この番号の範囲を「動的 / プライベートポート番号」と呼びます。

送り先であるサーバー側のポート番号は、利用するサーバーソフトの種類によって決められているため、その番号を付けます。サーバーソフトが使うポート番号を「ウェルノウンポート番号」と呼びます。

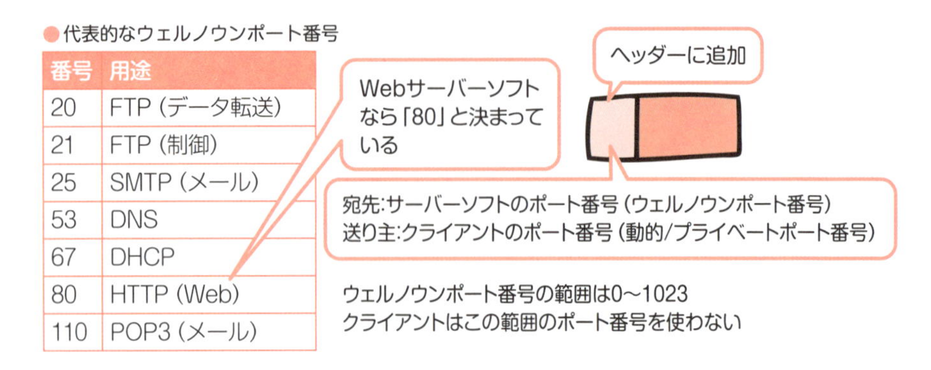

●代表的なウェルノウンポート番号

番号	用途
20	FTP（データ転送）
21	FTP（制御）
25	SMTP（メール）
53	DNS
67	DHCP
80	HTTP（Web）
110	POP3（メール）

サーバーはクライアントが送ってきた動的／プライベートポート番号を宛先にする

それに対してサーバー側では、クライアントからの要求データを受け取り、適切に処理したあと、要求されたデータをクライアントに送ります。

クライアントに要求されたデータをサーバーのトランスポート層が送るときは、クライアントがヘッダー情報に入れて知らせてきたクライアントのポート番号を、宛先のポート番号としてヘッダーに追加します。

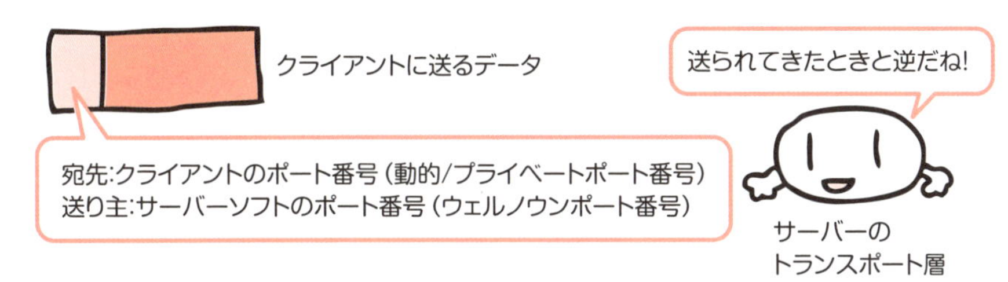

ポート番号の種類

ポート番号の種類としては、クライアントが使う動的／プライベートポート番号、サーバーソフトごとに決められているウェルノウンポート番号のほか、特定のネットワークサービスやソフトウェアが使うと決められている「予約ずみポート番号」があります。

番号	種類	用途
0～1023	ウェルノウンポート番号	サーバーソフトが使用する
1024～49151	予約ずみポート番号	特定のネットワークサービス、ソフトウェアに割り当てられている。サーバーもクライアントも使用することがある
49152～65535	動的／プライベートポート番号	自由に使える。クライアントが使用

確実にデータをやりとりする TCP

トランスポート層のプロトコルには、TCP と UDP の 2 つの種類があります。TCP は、確実にデータをやりとりするために「確認応答」「再送」「シーケンス番号」という仕組みを備えています。

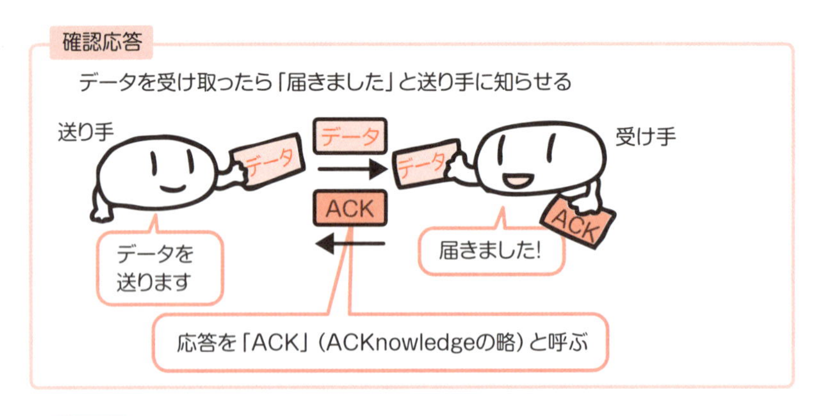

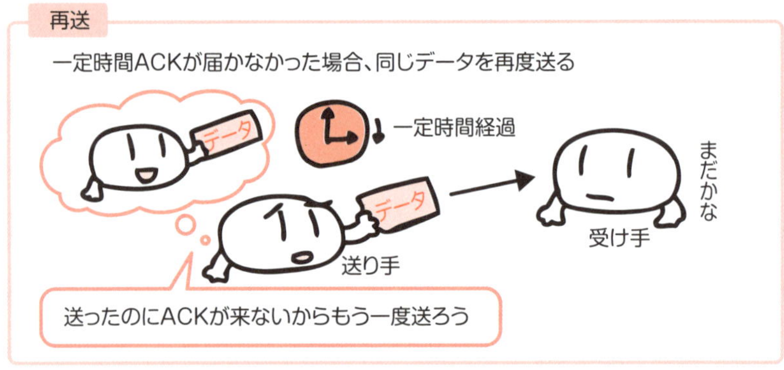

3ウェイハンドシェイク

トランスポート層のプロトコルとしてTCPを採用した場合、仮想的なデータの通路を作る際に、「3ウェイハンドシェイク」という方法をとります。3ウェイハンドシェイクは、次の3つのステップで構成されています。

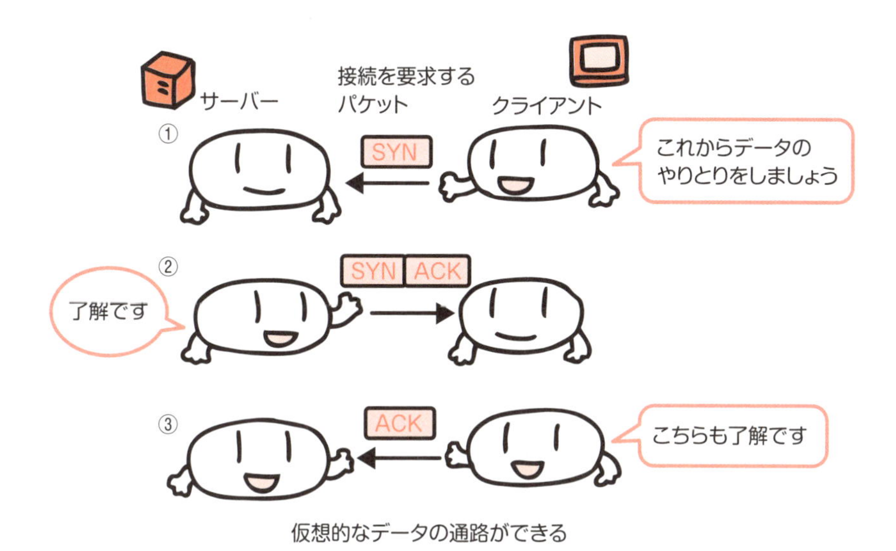

仮想的なデータの通路ができる

スピード重視のUDP

トランスポート層のもう1つのプロトコルUDPには、TCPのように確実にデータをやりとりする仕組みがありません。その代わり、データのやりとりがシンプルである分、高速にデータをやりとりできます。

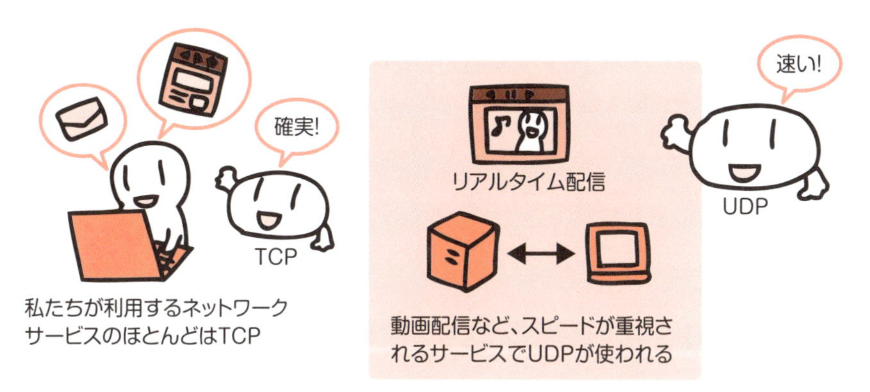

私たちが利用するネットワークサービスのほとんどはTCP

動画配信など、スピードが重視されるサービスでUDPが使われる

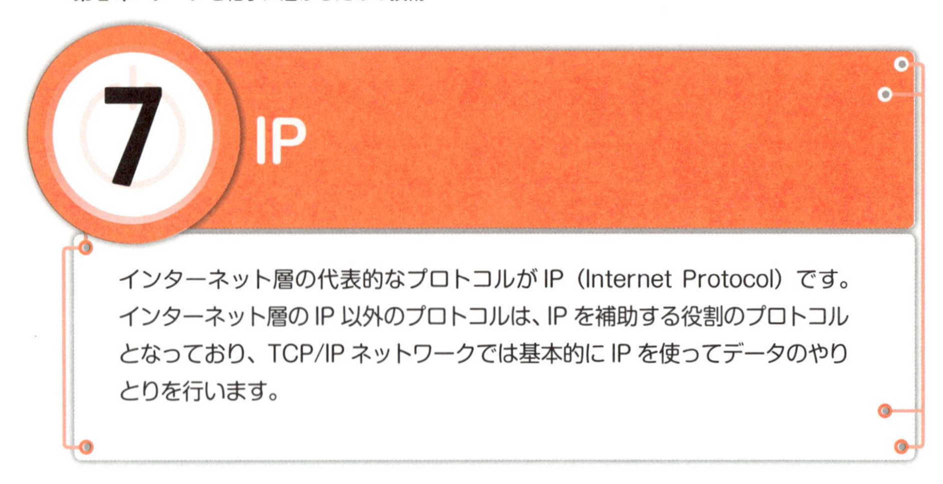

7 IP

インターネット層の代表的なプロトコルがIP（Internet Protocol）です。インターネット層のIP以外のプロトコルは、IPを補助する役割のプロトコルとなっており、TCP/IPネットワークでは基本的にIPを使ってデータのやりとりを行います。

最終的にデータを受け取る相手との通信を担当

インターネット層のプロトコルであるIPは、最終的にデータを受け取るコンピューターや機器との間のデータのやりとりに関する決まり事を定めています。

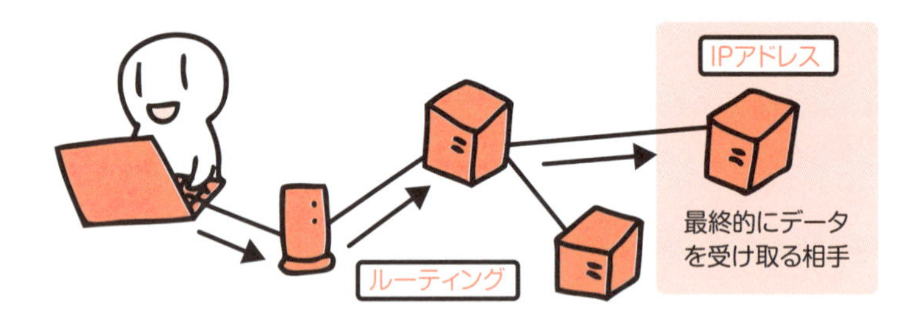

IPには、最終的にデータを受け取る相手を特定するための「IPアドレス」と、そこまでの道のりを選択する「ルーティング」という仕組みがあります。

IP アドレスって何？

IP アドレスは、インターネット層で使用される識別子です。TCP/IP ネットワークに参加しているコンピューターや機器には、必ず付けられています。現在、当初から使われている IP アドレス「IPv4」と新しい「IPv6」の両方が使われています。まずは IPv4 から見てみましょう。

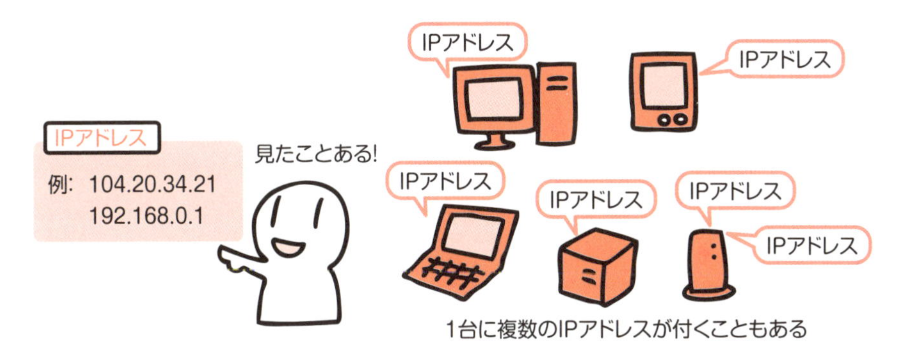

IP アドレスの構成

IPv4 において、IP アドレスは 32 ビットのデータです。実際には、0 と 1 とで表す 2 進数が 32 個並びますが、表記するときは 32 ビットを 8 ビットずつに分け、「.」（ピリオド）で区切って 10 進数とします。

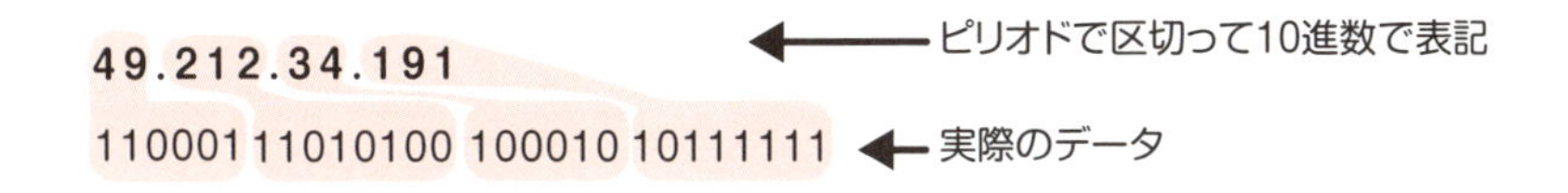

IP アドレスは、「どのネットワークか？」を表す「ネットワークアドレス」と、そのネットワークの中の「どのコンピューターや機器か？」を表す「ホストアドレス」に分かれています。

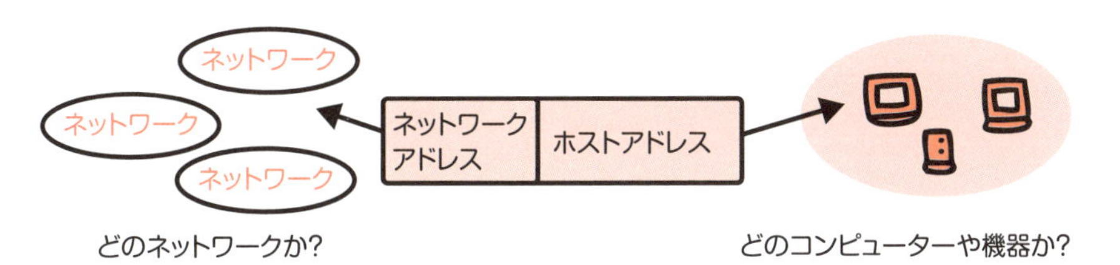

IP アドレスのクラス

IP アドレスは 32 ビットのうち、先頭から何ビットまでがネットワークアドレスかによって、A から E までのクラスに分けられています。クラスは、先頭 1 ビットが 0 ならクラス A、というように、先頭の数ビットを見ることで判別できます。

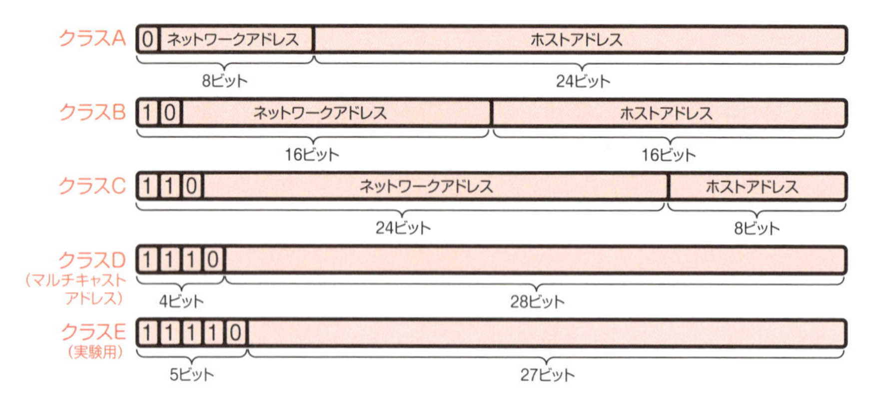

先頭のビットを見ればクラスがわかる

ネットワークで使用するのは、クラス A～C になります。クラス D はマルチキャスト（→ 41 ページ）で使う「マルチキャストアドレス」、クラス E は実験用のアドレスで通常は使用しません。

また、ホストアドレスのビットがすべて 1 の IP アドレスはブロードキャスト（→ 41 ページ）で使う「ブロードキャストアドレス」と決められています。

ネットワークの構成でクラスを使い分ける

ネットワークアドレスが多ければ、それだけ表せるネットワークの数が増えますが、その分ホストアドレスが減ります。つまり、表せるコンピューターや機器の数が減ることになります。構築したいネットワークの数や、ネットワークに参加するコンピューターや機器の数に応じて、IP アドレスのクラスを使い分けます。

	ネットワークアドレス	ホストアドレス
クラス A	126 個	約 1,600 万個
クラス B	約 16,000 個	約 65,000 個
クラス C	約 200 万個	254 個

同じネットワークに参加しているコンピューターや機器は、同じネットワークアドレスを持っています。ネットワークが異なれば、異なるネットワークアドレスが必要になります。

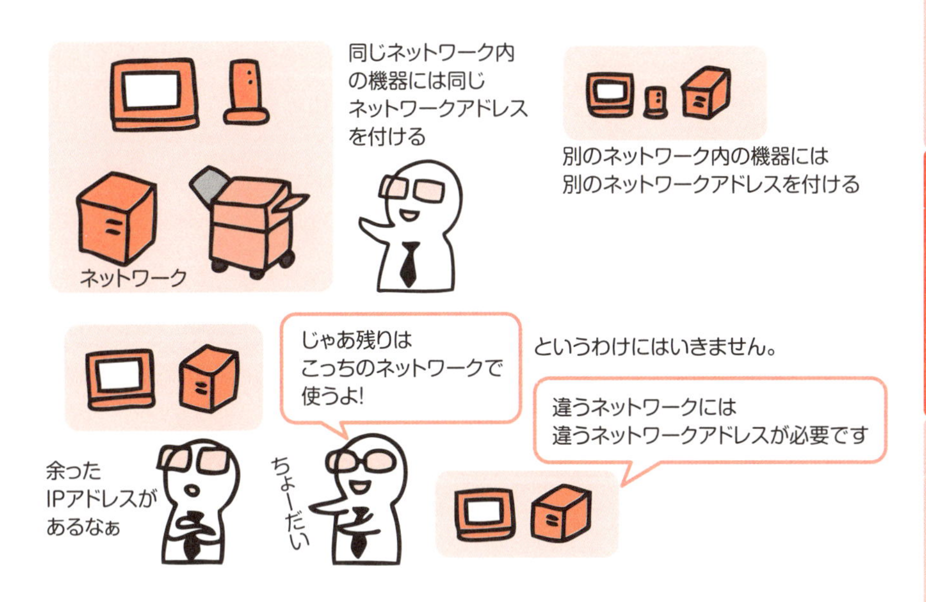

サブネットマスクでネットワークを分割

このようにIPアドレスをクラスで分ける仕組みは、使わないIPアドレスが出てしまって効率がよくありません。そこで、サブネットマスクという仕組みが考え出されました。

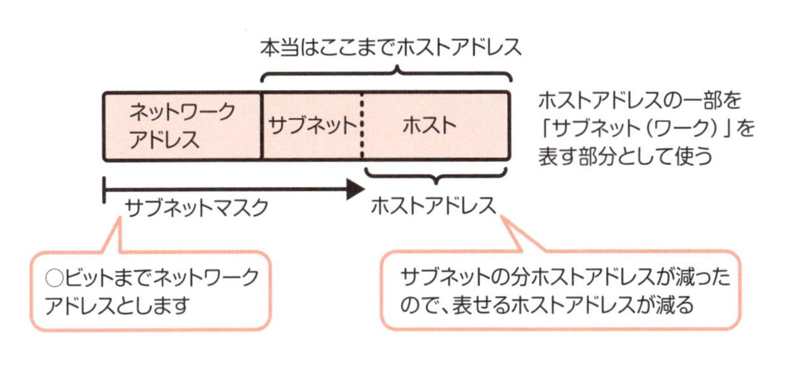

1 ネットワークって何だろう?
2 データを相手に届けるための技術
3 データを活用するための技術
4 ネットワークを導入する
5 ネットワークのセキュリティ

サブネットマスクでは、ホストアドレスの一部を「サブネット（ワーク）」を表す部分として使うことで、1つのネットワークアドレスを、異なるネットワークで利用することができます。

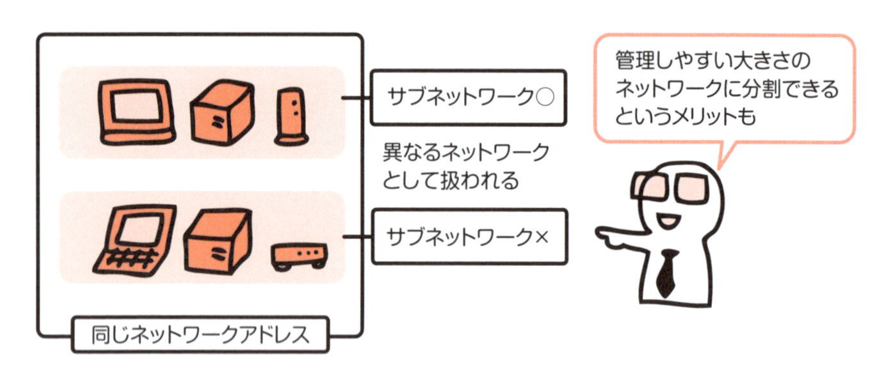

クラスレスアドレッシング

サブネットマスクを使う方法でも、結局はクラスに分けるやり方であることには変わりなく、効率がよいとは言えません。そこで、クラスに分けること自体をやめる「クラスレスアドレッシング」が登場しました。

クラスを使った方法では、どこまでがネットワークアドレスでどこからがホストアドレスかを、先頭の数ビットで表していました。それに対してクラスレスアドレッシングを採用したIPアドレスでは、先頭からどこまでがネットワークアドレスかを「CIDR」（サイダー）という表記で表します。それにより、任意の単位でアドレスを区切ることができ、IPアドレスを効率的に利用できるようになります。

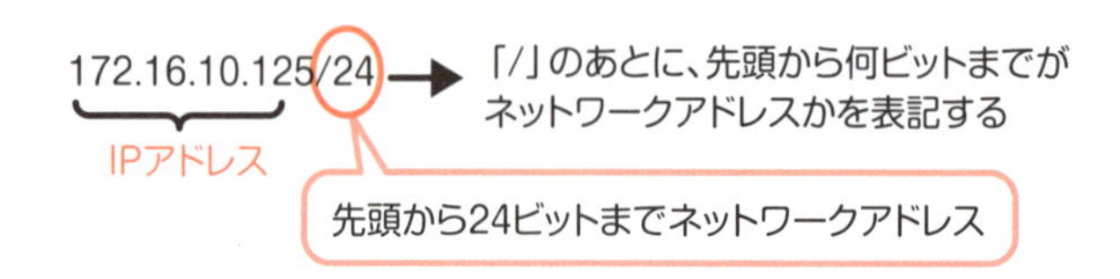

グローバル IP アドレスとプライベート IP アドレス

IP アドレスには、インターネットで通用するグローバル IP アドレスと、1 つのネットワークの中だけで有効なプライベート IP アドレス（ローカル IP アドレス）があります。

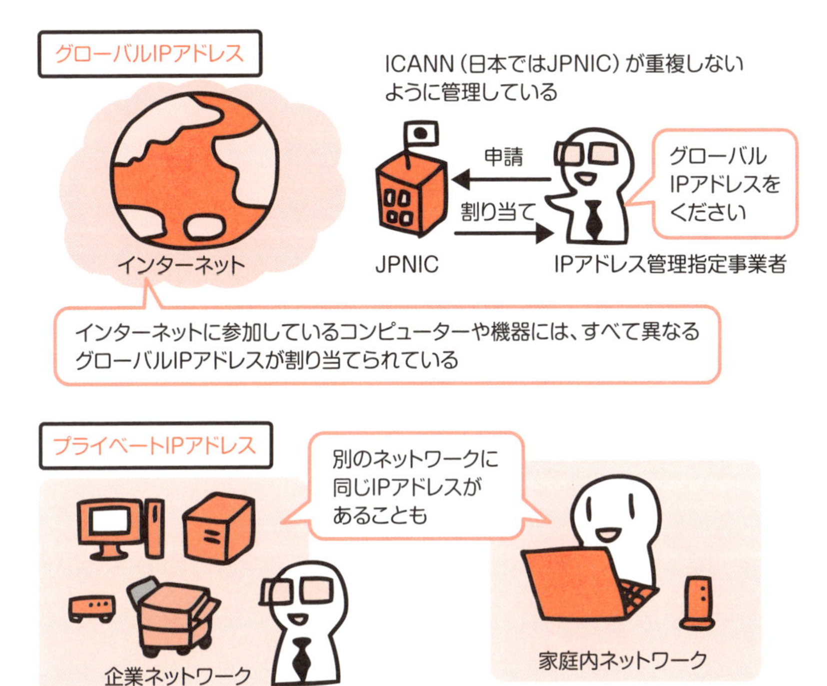

IP アドレスには、「この範囲はプライベート IP アドレスとして使う」という範囲が決められています。ネットワーク管理者は、自分が管理するネットワーク内の機器に、この範囲の IP アドレスを自由に割り当てることができます。

プライベートIPアドレスの範囲

10.0.0.0～10.255.255.255.255（クラスA）
172.16.0.0～172.31.255.255（クラスB）
192.168.0.0～192.168.255.255（クラスC）

この範囲ならネットワーク管理者が
自由に割り当てることができる

IPv6

IP のバージョン 6「IPv6」の登場により、IP アドレスの仕組みが大幅に変更されました。インターネットでは、以前のバージョン 4（IPv4）から徐々に IPv6 への切り替えが進んでいます。

グローバル IP アドレスが足りない

インターネットの普及にともない、インターネットに接続する機器の数は大幅に増えていくことになりました。その結果、このままではグローバル IP アドレスが足りなくなるという問題が発生したのです。そこで、IP のバージョン 6（IPv6）が策定され、IP アドレスの仕組みが大きく変更されることになりました。

IPバージョン4（IPv4）のIPアドレス

32ビットのデータで作成
IPアドレスの数は
約43億個

IPバージョン6（IPv6）のIPアドレス

128ビットのデータで作成
IPアドレスの数は
約43億×約43億×約43億×約43億個

IPv6でのIPアドレスの表記方法

16ビットずつ「:」（コロン）で区切って16進数で表す

表記例　1110:ef40:0000:abcd:0003:1234:35ac:5678

1110:ef40::abcd:3:1234:35ac:5678

「0000」は省略可　左にある「0」も省略可

IPv4のグローバルIPアドレスは
2011年に全部使い切ってしまったんだよ

IPv4 と IPv6 を共存させる

インターネットは、1 つの企業や団体が管理しているわけではありません。そのため、ある日を境にすべてを IPv6 に切り替えるということはできないのです。当面は、IPv4 と IPv6 を共存させ、徐々に IPv6 に切り替えていくことになっています。

カプセル化（→39ページ）などの技術を使うことでIPv4とIPv6を共存させている

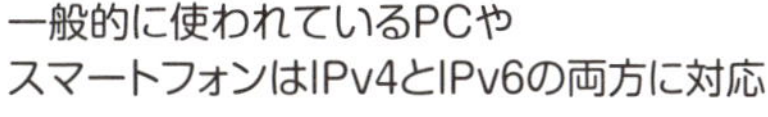

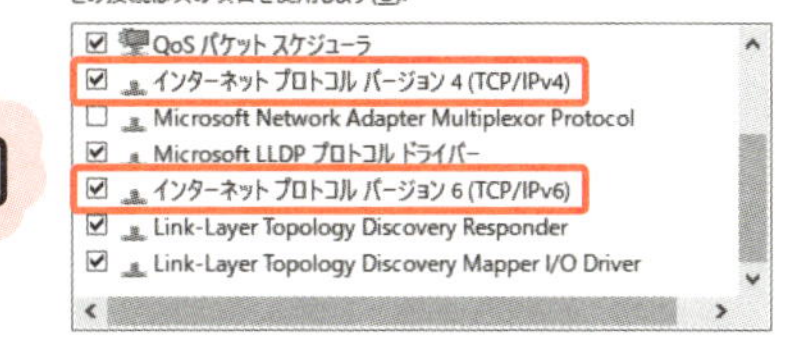

IPv6 になると必要なくなるもの

IPv6 では、IP アドレスを節約するための仕組みは必要なくなります。また、IPv6 に機能として盛り込まれたことで必要なくなる仕組みもあります。

NAT、NAPT
（→70ページ）
必要なくなる

ARP
（→77ページ）

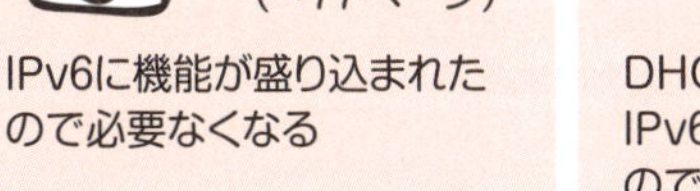

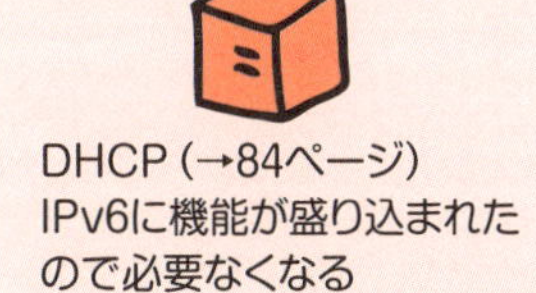

DHCP（→84ページ）
IPv6に機能が盛り込まれたので必要なくなる

いろいろなものに IP アドレスを割り当てて活用する

IPv6 では、IP アドレスの数を気にせず、さまざまなものに割り当てることができます。IPv4 の時代とは違う、新しいインターネットの活用法が生まれるかもしれません。

9 ルーティング

インターネット層のプロトコルであるIPには、「ルーティング」という役割があります。ルーティングでは、最終的にデータを受け取る相手にたどり着くために、どのルートを通ればよいのかを選択します。

ルートを決めるルーティングはルーターが担当

ルーティングは「経路選択」とも言います。文字通り、データをやりとりする経路（ルート）を選択するということです。ルーティングは、ほかのネットワークに参加しているコンピューターや機器との間でデータをやりとりするときに使われます。データを送りたい相手にたどり着くために、どのルートを選べばよいかを把握するのがルーティングの役割です。ルーティングは、ルーターと呼ばれる機器によって管理されています。

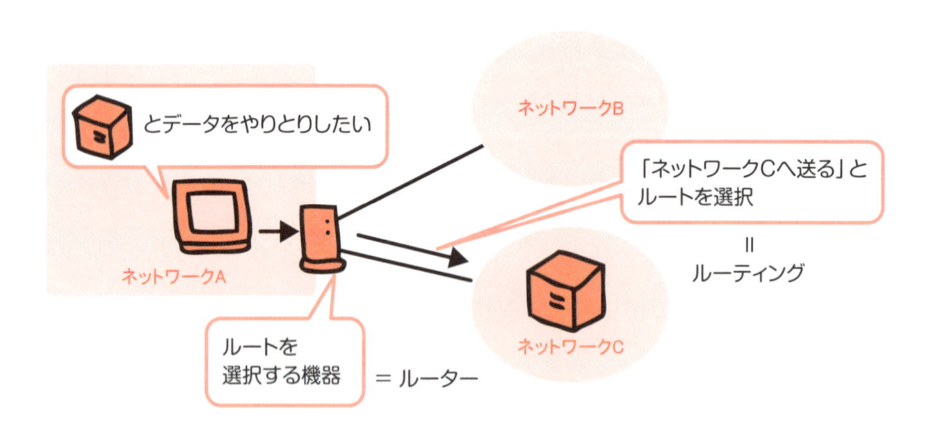

ルーティングテーブルでルートを選択

ルーターは、送るデータに付いているIPアドレスと「ルーティングテーブル」を見て、どのルートを選べばよいのか判断します。

ルーティングテーブルには、「このネットワークに参加しているコンピューターや機器に送るには、まずこのネットワークのルーターに送る」という指示が書かれています。例えば以下の図でネットワークAからDに送る場合、ネットワークAのルーターはルーティングテーブルを見て、最初にネットワークBに送ります。受け取ったBのルーターは、データに付いているIPアドレスを見て目的地がネットワークDと判断します。そしてルーティングテーブルを見て、Dに送ります。

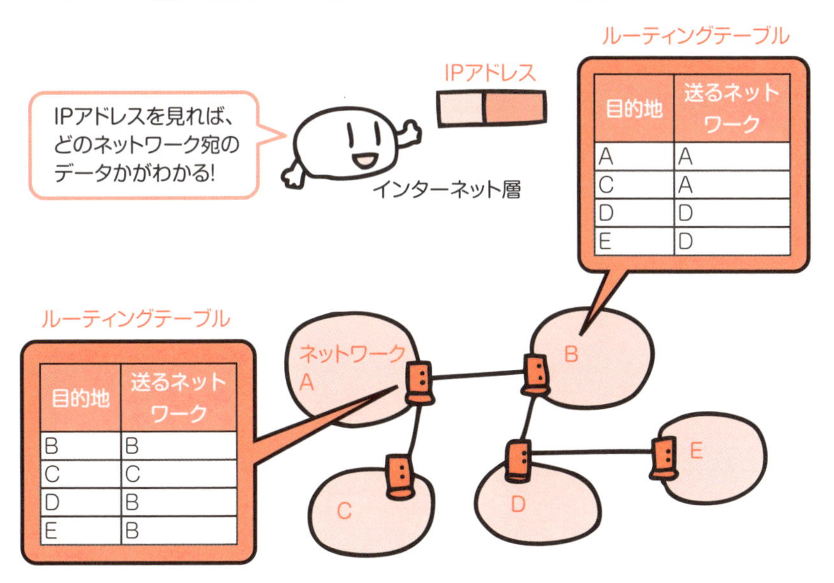

ルーティングテーブル（ネットワークB）

目的地	送るネットワーク
A	A
C	A
D	D
E	D

ルーティングテーブル（ネットワークA）

目的地	送るネットワーク
B	B
C	C
D	B
E	B

スタティックルーティングとダイナミックルーティング

ルーティングテーブルには、「スタティックルーティング」と「ダイナミックルーティング」の2種類の作り方があります。

スタティックルーティングは、ネットワーク管理者が手作業でルーティングテーブルを作る方法です。

ダイナミックルーティングは、ルーターどうしが「ルーティングプロトコル」を使って情報を交換し、自動的にルーティングテーブルを作る方法です。

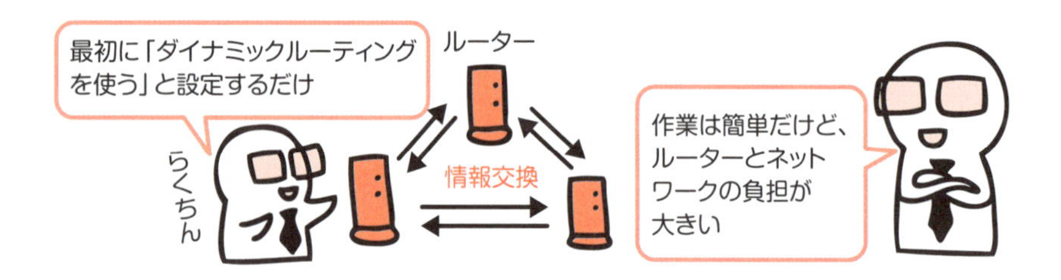

スタティックルーティングは小規模のネットワークやルートが決まっているネットワーク、ダイナミックルーティングは登録する情報が多い大規模のネットワークで使われています。

IGP と EGP

ルーティングプロトコルは、ルーターどうしがルーティングテーブルに必要な情報を交換するときの決まり事です。ルーティングプロトコルには、「IGP」と「EGP」の2種類があります。AS（自律システム）内ではIGPが、AS間ではEGPが利用されます。

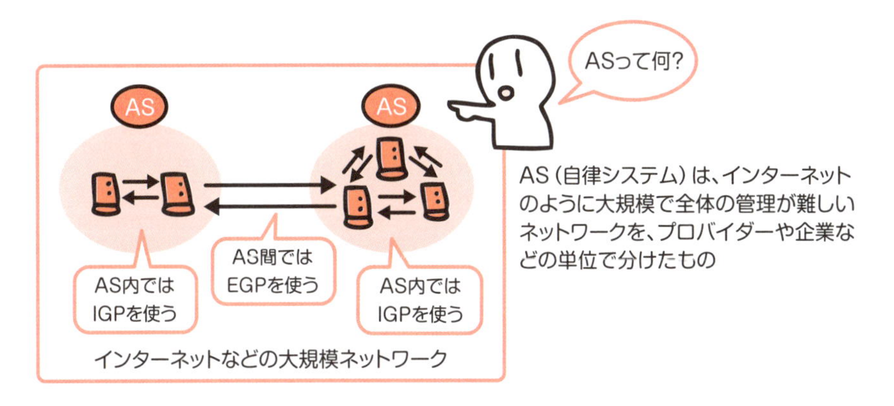

ディスタンスベクタ型とリンクステート型

ルーティングプロトコルは、どのルーターと情報を交換するかによって「ディスタンスベクタ型」と「リンクステート型」の2つに分けられます。

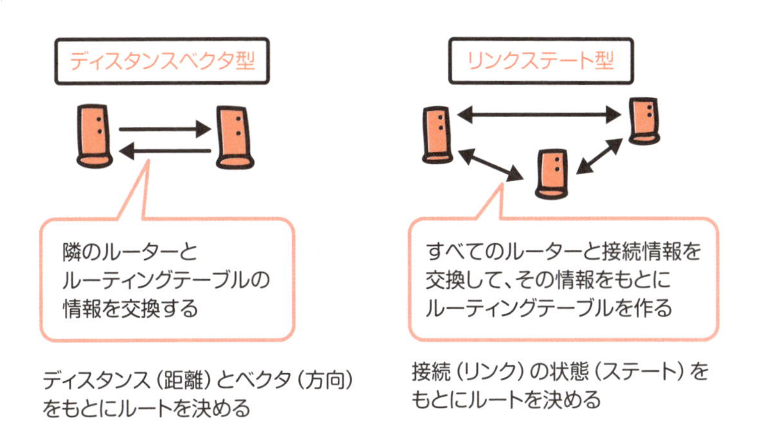

10 ゲートウェイ

ルーターはルーティングを行うほかに、ネットワークの出入口である「ゲートウェイ」という役割を担っています。家庭のネットワークでも、ルーターがゲートウェイとして活躍しています。

ゲートウェイは異なるネットワークへの出入口

ゲートウェイ（Gateway）は、日本語で出入口という意味です。ネットワークの世界では、あるネットワークとほかのネットワークをつなぐ出入口の役割を果たすコンピューターや機器のことを指します。

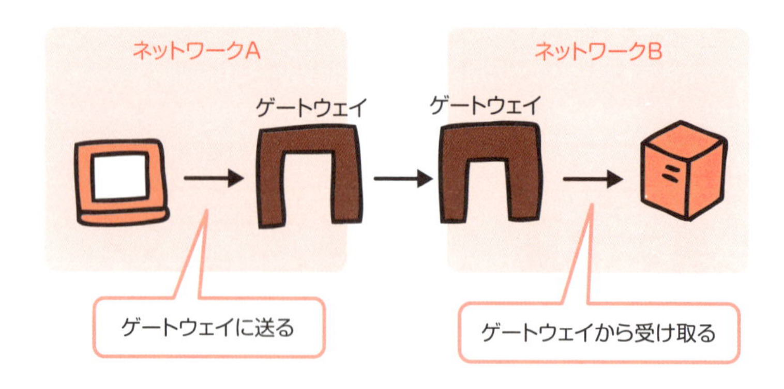

あるネットワークに参加しているコンピューターや機器がほかのネットワークに参加しているコンピューターや機器とデータをやりとりするときは、必ずゲートウェイを経由します。

ゲートウェイは複数のネットワークに対応している

ゲートウェイは自分のネットワークと、ほかのネットワークの両方に参加しています。

ゲートウェイとして使われる機器やコンピューター

ゲートウェイとして使われる機器としては、ルーターが一般的です。また、複数のネットワークに接続できるハードウェアと、ゲートウェイとして機能するためのソフトウェアを備えたコンピューターを使うこともできます。

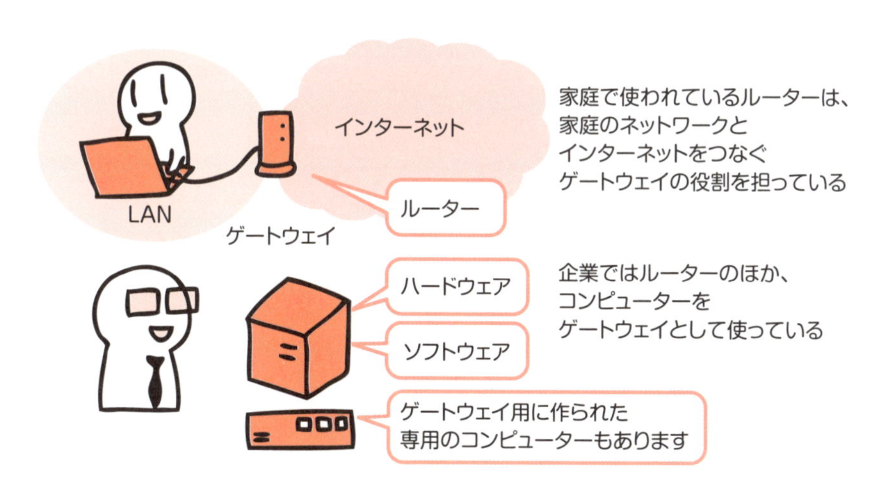

ゲートウェイとして機能するコンピューターを「プロキシサーバー」(→ 168 ページ) または「アプリケーションレベルゲートウェイ」(→ 165 ページ) と呼びます。

ゲートウェイのグローバル IP アドレスを使ってインターネットを利用する

家庭のネットワークも、企業のネットワークも、参加しているコンピューターや機器にはプライベート IP アドレスを割り当てるのが一般的です。

しかしそのままでは、グローバル IP アドレスが必要なインターネットは使えません。そこで、ゲートウェイにグローバル IP アドレスとプライベート IP アドレスの両方を割り当てます。

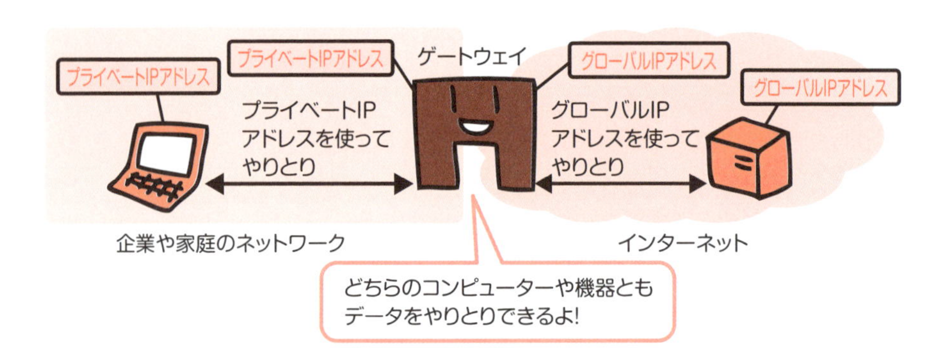

プライベート IP アドレスしか持っていないコンピューターは、プライベート IP アドレスとグローバル IP アドレスを持っているゲートウェイに頼んで、グローバル IP アドレスが必要なインターネットを利用しているのです。

ゲートウェイの IP アドレスをあらかじめ設定

コンピューターが、インターネットなどほかのネットワークのコンピューターとデータをやりとりする場合は、まずゲートウェイにデータを送ります。

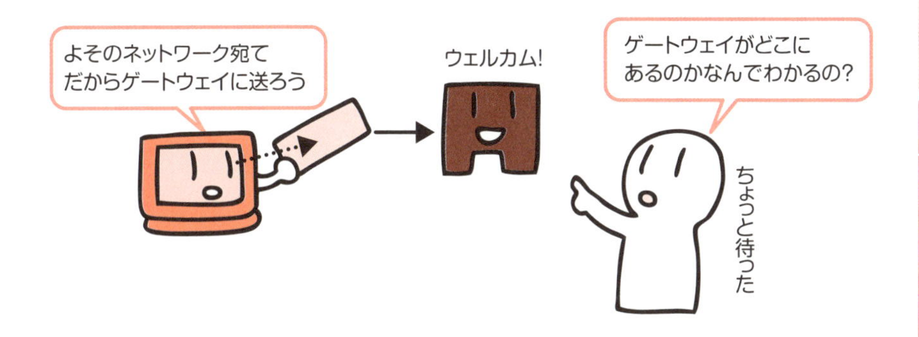

そのためには、コンピューターにゲートウェイの IP アドレスが設定されている必要があります。通常、自動的に設定されるしくみが用意されています。

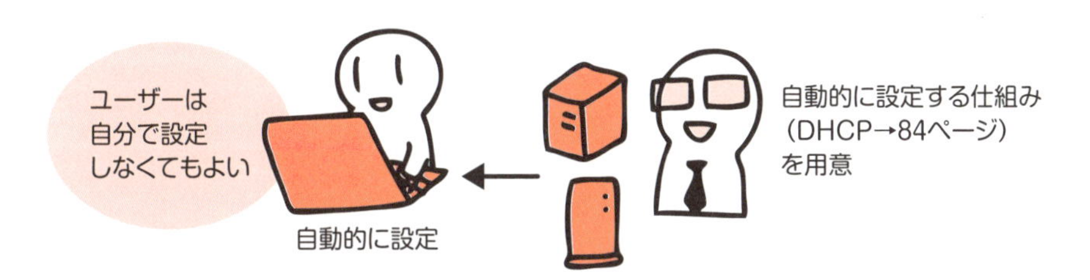

「ほかのネットワークに送るときは、まずここに送る」と指定されたゲートウェイを、「デフォルトゲートウェイ」と呼びます。

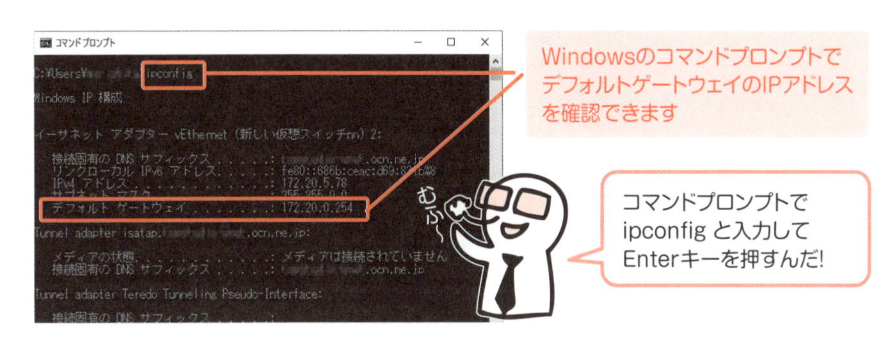

NAT と NAPT

デフォルトゲートウェイは、コンピューター（クライアント）から送られてきたパケットのヘッダーに書かれている送り主のプライベート IP アドレスを、デフォルトゲートウェイ（つまり自分）のグローバル IP アドレスに書き換えます。この仕組みを NAT(Network Address Translation) と言います。

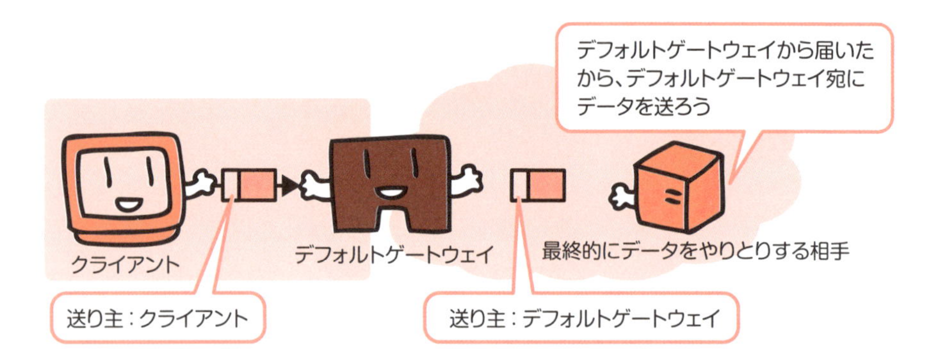

デフォルトゲートウェイは、どのクライアントから頼まれて IP アドレスを変換したかの記録をとっておきます。最終的にデータをやりとりする相手から宛先がゲートウェイと指定されているデータがゲートウェイに届いたら、記録を参照し、データを頼んだクライアントのプライベート IP アドレスに宛先を変更します。そしてクライアントに頼まれたデータを送ります。

IP アドレスと IP アドレスを 1 対 1 で変換する NAT は効率が悪いので、グローバル IP アドレスとポート番号を組み合わせて使う方法もあります。この仕組みを NAPT(Network Address Port Translation) と言います。

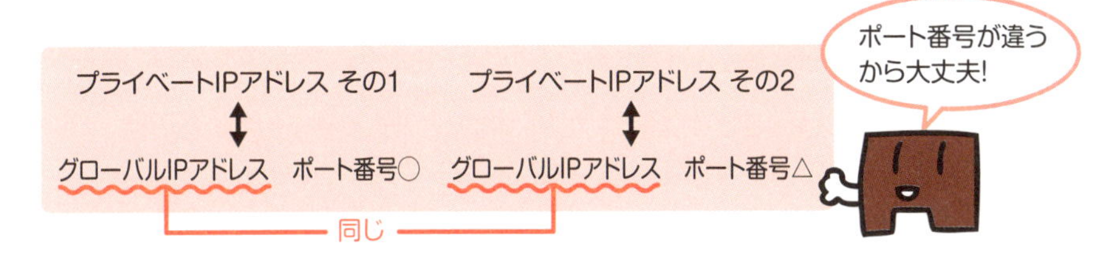

グローバル IP アドレスが同じでも、ポート番号が違えば同時に複数のデータのやりとりができます。

プロキシサーバーにはセキュリティと利便性を高める役割もある

プロキシサーバー(アプリケーションレベルゲートウェイ) は、アプリケーション層までのデータを扱えるゲートウェイです。

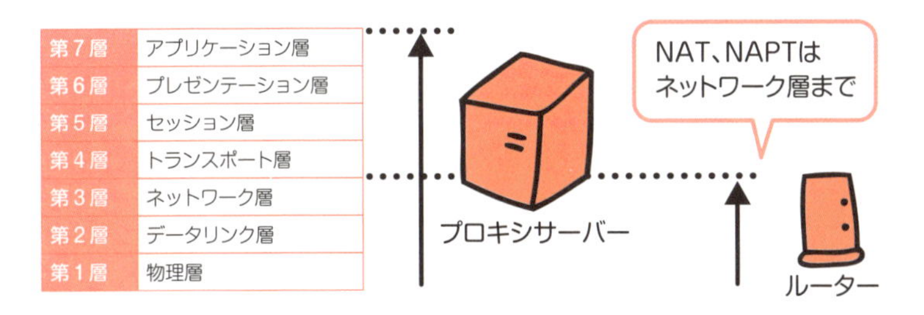

プロキシサーバーは、ゲートウェイとしての役割だけでなく、セキュリティ効果と利便性を高めることを目的として設置されます。

プロキシサーバーについては、168 ページでくわしく解説します。

11 イーサネットと無線LAN

ネットワークインターフェイス層のプロトコルとして広く普及しているのがイーサネットです。イーサネットは、有線のネットワークで使われています。一方、ノートPCやスマートフォンには、無線LANを採用するケースも多く見られます。

ネットワークインターフェイス層の2つの役割

ネットワークインターフェイス層のプロトコルは、隣り合った機器の間でデータをやりとりする際の決まり事と、ケーブルや端末、電気信号など、ネットワークの物理的な部分に関する決まり事を定めています。

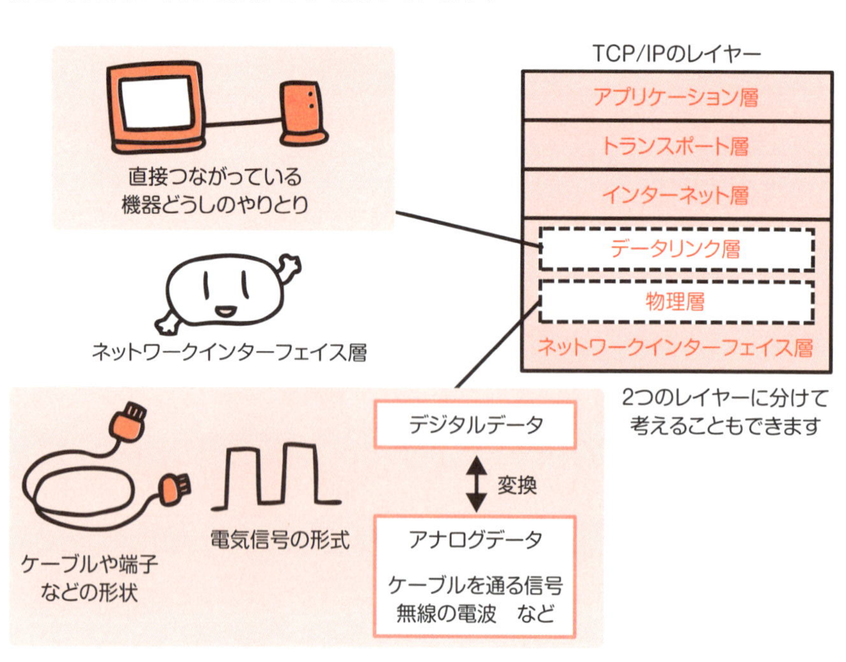

有線のネットワークならイーサネット

イーサネット（Ethernet）は、ケーブルで接続する有線のネットワークで使われているプロトコルです。

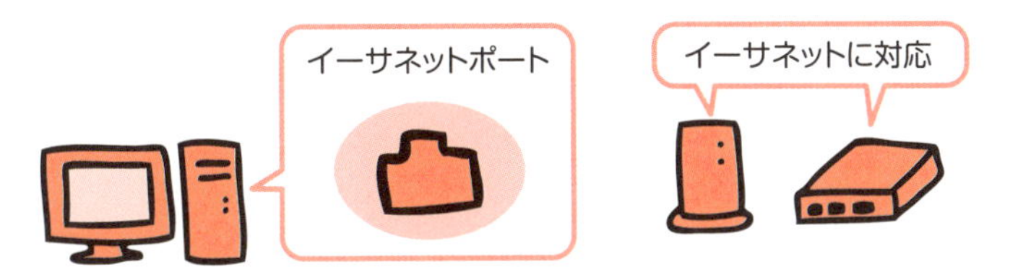

有線で接続する機能を持ったPC、プリンター、家電、ネットワーク機器などは、イーサネットという決まり事に沿ったハードウェアと、イーサネットで行う処理を実行するソフトウェアを備えています。

無線 LAN のプロトコル「IEEE 802.11」

ケーブルではなく電波を使ってデータをやりとりするネットワークを「無線LAN」と呼びます。無線 LAN のネットワークインターフェイス層のプロトコルとして広く普及しているのは、「IEEE 802.11」です。「IEEE 802.11」は通信速度などが異なるいくつかの種類に分かれていて、末尾に「ac」「n」「a」「d」などとアルファベットを付けて呼び分けています（→ 149 ページ）。

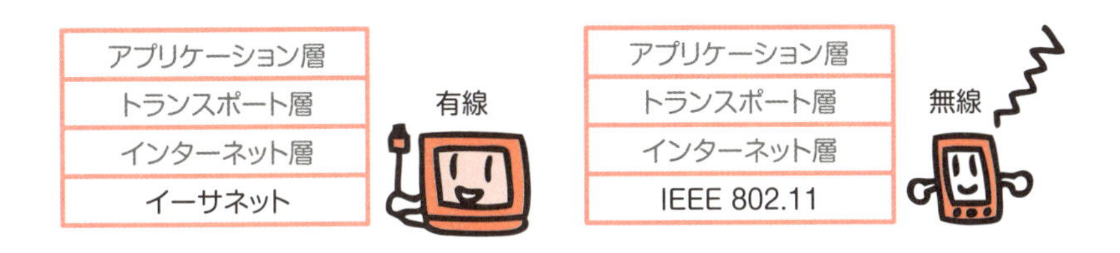

Wi-Fi？無線LAN？呼び方を整理しておこう

無線 LAN に関して、よく Wi-Fi（ワイファイ）という言葉を聞くのではないかと思います。Wi-Fi は、ハードウェアの業界団体「Wi-Fi Alliance」が定めるブランド名です。

Wi-Fi の認証を受けている機器どうしは、メーカーや種類が違っていても、IEEE 802.11 を採用した無線 LAN で問題なく使用できることを保証しています。

ただし、認証の有無に関わらず、IEEE 802.11 を採用した無線 LAN でインターネットを利用することを「Wi-Fi」と呼ぶケースも多く見られます。

ネットワークインターフェイス層で使われるMAC アドレス

イーサネットや IEEE 802.11 などがデータをやりとりする相手を特定するために使うアドレスを、「MAC アドレス」または「物理アドレス」と呼びます。

現在広く使われている全 48 ビットの MAC アドレスを「EUI-48」と呼びます。EUI-48 を発展させた全 64 ビットの MAC アドレス「EUI-64」も登場しています。

MAC アドレスはデータのやりとりの途中で次々に変わっていく

ネットワークインターフェイス層のプロトコルが作るパケット（フレーム）のヘッダーには、データをやりとりする相手の住所として MAC アドレスが書かれています。

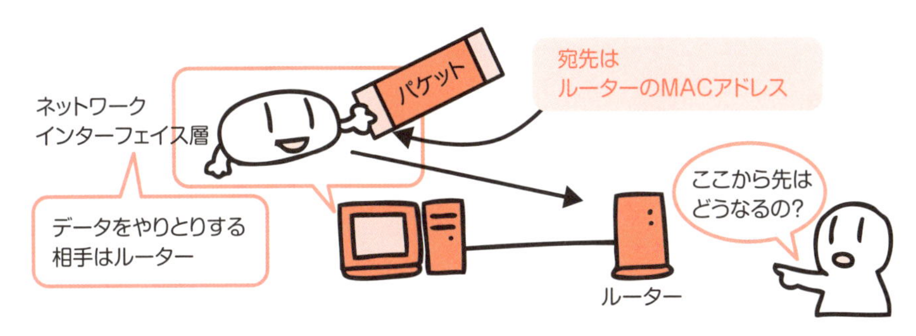

インターネットや企業ネットワークでは、複数のネットワーク機器を経由して、データをやりとりしています。

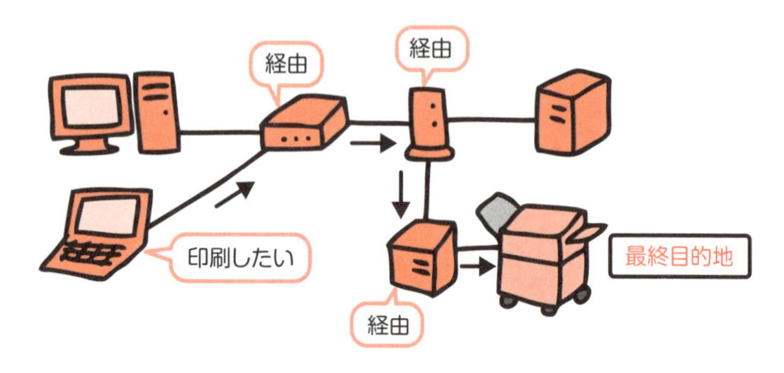

機器を経由するごとに、経由する機器のネットワークインターフェイス層の処理で「直接データをやりとりする相手」の宛先が指定されます。

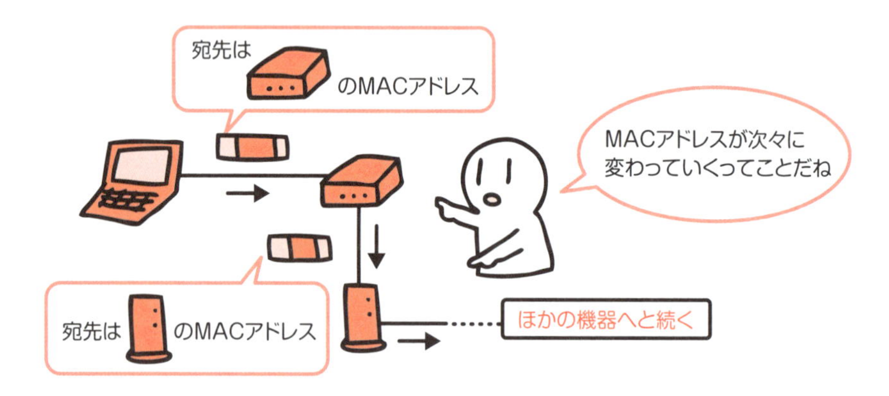

直接データをやりとりする相手が変わっているので、直接データをやりとりする相手を特定する MAC アドレスも変わるのです。

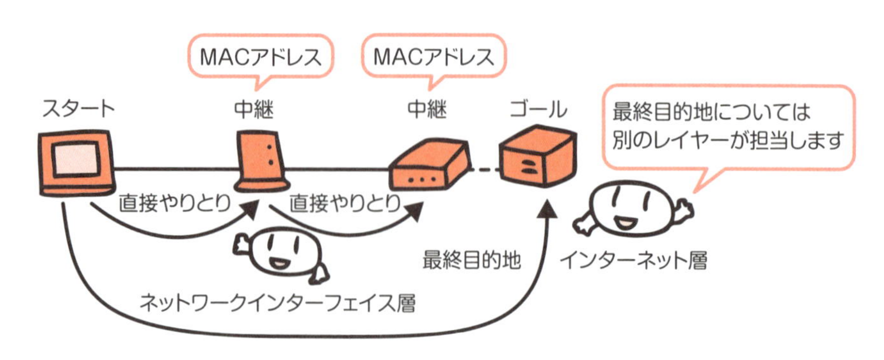

最初は MAC アドレスがわからない

初めてネットワークに参加した PC やネットワーク機器は、データをやりとりする相手の MAC アドレスを知りません。そこで、ARP というインターネット層のプロトコルを使って、MAC アドレスを調べます。

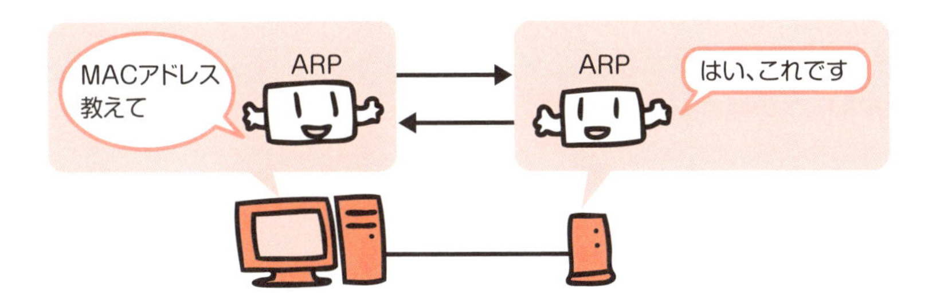

ARP では、最初に「この IP アドレスを持っている機器は、自分の MAC アドレスを教えてください」と、ネットワークに参加しているすべての機器にブロードキャスト（→ 41 ページ）で問い合わせます。ブロードキャストアドレスは 48 ビットがすべて 1 の「FF-FF-FF-FF-FF-FF」です。そして、指定された IP アドレスを持つ機器だけが返信します。

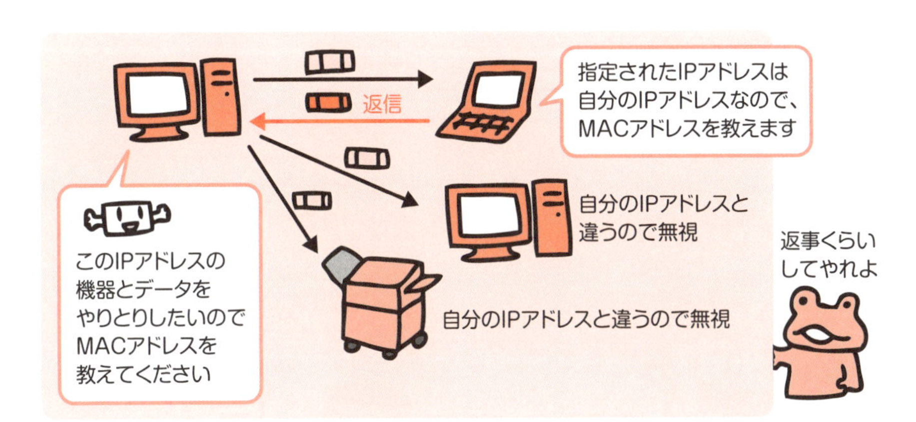

最終的にデータをやりとりしたい相手が同じネットワーク内にいない場合は、デフォルトゲートウェイ（→ 69 ページ）が直接データをやりとりする相手となります。そこでデフォルトゲートウェイの IP アドレスを指定して「この IP アドレスを持っていたら MAC アドレスを教えてください」と問い合わせます。

12 ドメイン名とDNSサービス

Web サイトのアドレスやメールアドレスに使われているドメイン名は、ユーザーの利便性を向上するために生まれました。ドメイン名と IP アドレスを対応付けて管理する仕組みが、アプリケーション層のプロトコル DNS です。

ドメイン名は人間のためにある

インターネットで使われている IP アドレスは、人間が見るとただ数字が並んでいるだけで覚えづらいものです。そこで、インターネット全体で通用するグローバル IP アドレスを文字に置き換え、利用しやすくしたのがドメイン名です。

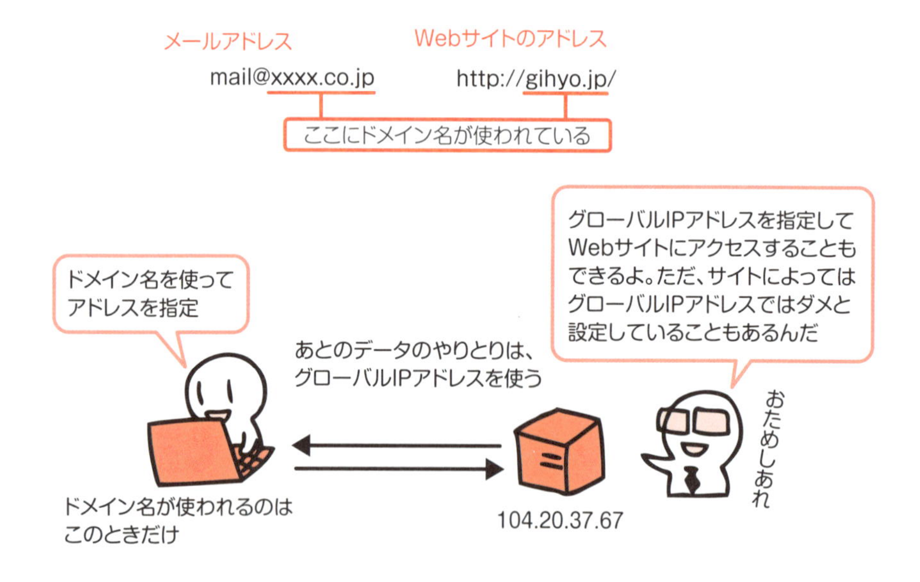

ドメイン名の構成

ドメイン名は、ピリオド(.)で区切られて構成されています。区切られている1つひとつを「ラベル」と言います。一番右のラベルから順番にトップレベルドメイン、第2レベルドメイン、第3レベルドメイン、第4レベルドメインと言います。

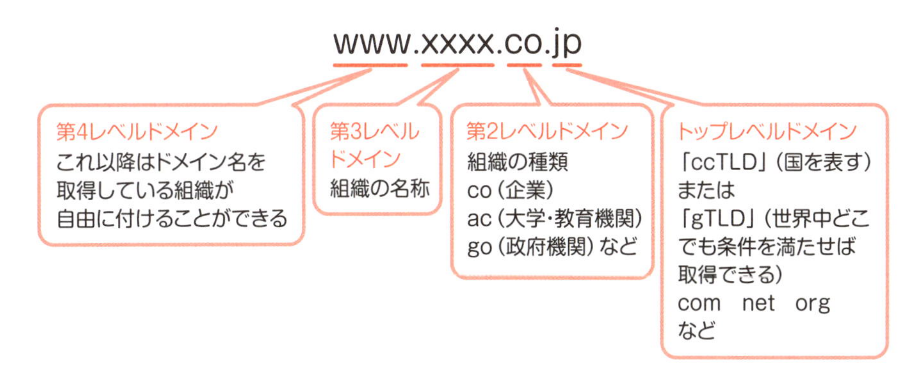

ドメイン名を取得する

ドメイン名は、ICANNという組織が管理しています。中でも日本を表す「jp」ドメイン名は、株式会社日本レジストリサービス(JPRS)が管理業務を行っています。ドメイン名を取得するときは、JPRSが指定する事業者に申し込みます。

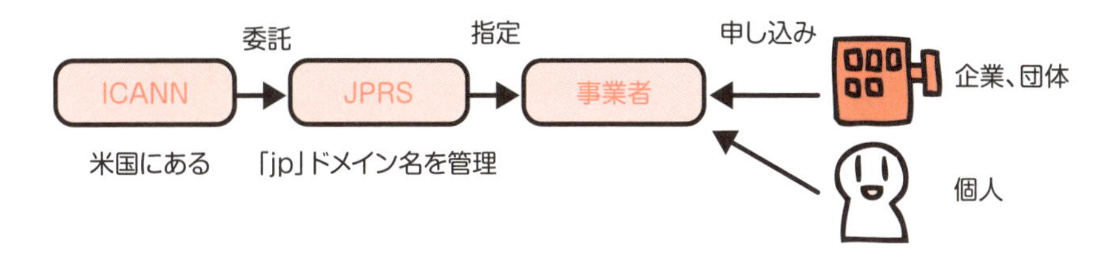

ドメイン名と IP アドレスを相互にマッチさせる DNS

人間が指定したドメイン名は、そのままではネットワーク上のコンピューターや機器が理解できません。DNS という仕組みを使って、人間が指定したドメイン名を対応する IP アドレスに変換する必要があります。

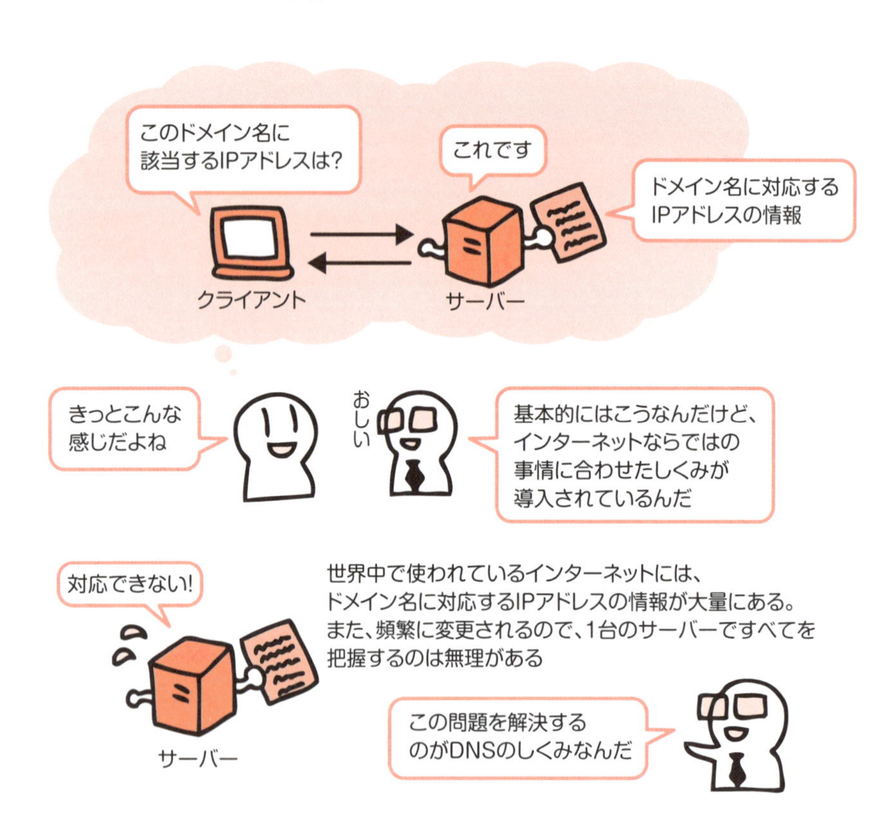

DNSの仕組み

それでは、インターネットで使われているDNSの仕組みを見てみましょう。クライアントは「スタブリゾルバ」というソフトウェアを使って、「フルサービスリゾルバ」というサーバーにIPアドレスとドメイン名の情報を要求します。フルサービスリゾルバは、IPアドレスとドメイン名の情報を提供する「権威DNSサーバー」に問い合わせてクライアントが必要とする情報を入手し、それをクライアントに渡します。

①クライアントのスタブリゾルバがフルサービスリゾルバにIPアドレスを問い合わせる

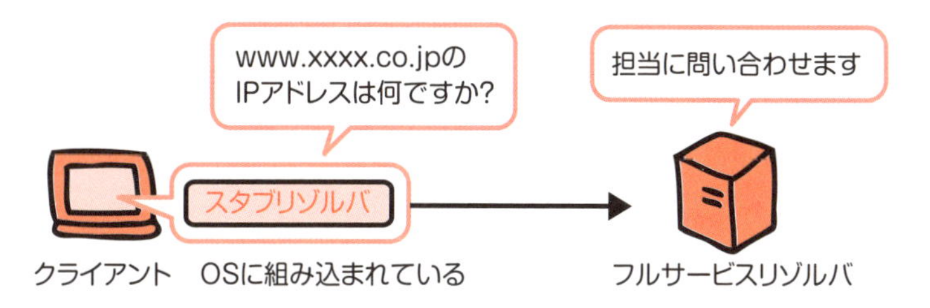

②フルサービスリゾルバが、各権威DNSサーバーに問い合わせる

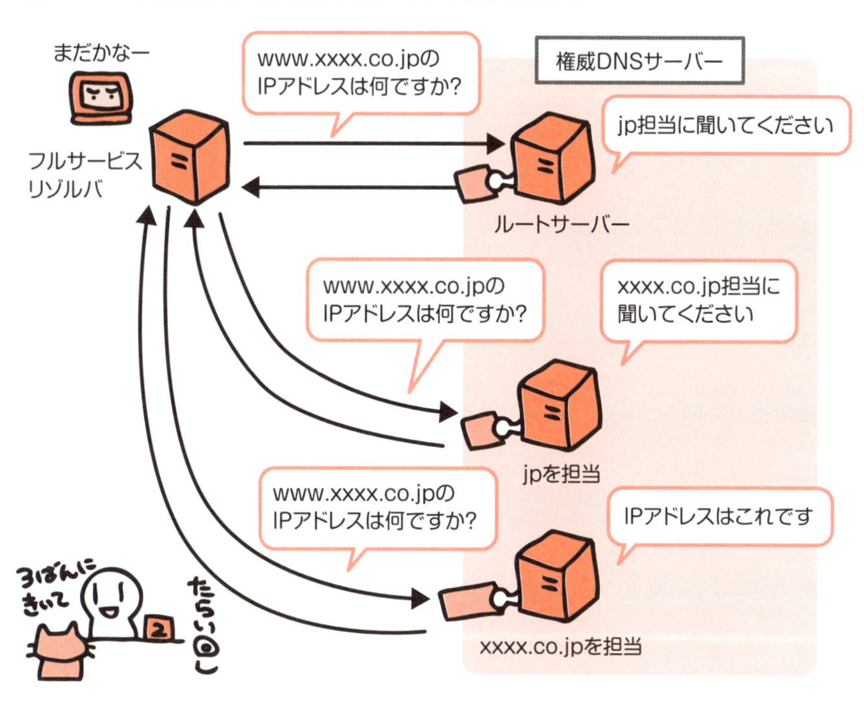

③フルサービスリゾルバがIPアドレスの情報をスタブリゾルバに渡す

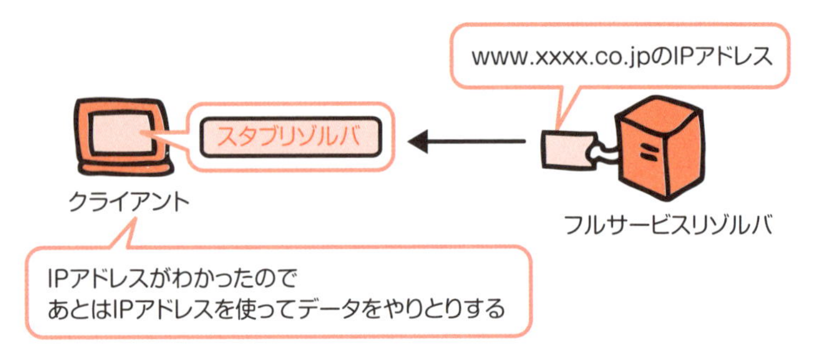

ルートサーバーと次の権威 DNS サーバーは「その情報を持っているのはあの権威 DNS サーバー」という情報を提供しています。実際に IP アドレスとドメイン名の情報を持っているのは、最後に問い合わせた権威 DNS サーバーだけです。

問い合わせた情報はキャッシュとして保存

フルサービスリゾルバは、権威 DNS サーバーとの間でやりとりして入手したドメイン名と IP アドレスの情報を、「キャッシュ」として保存しておきます。次に同じ情報を要求されたときは、キャッシュに保存しておいた情報を送ります。このように、DNS の情報をキャッシュとして保存しておく機能を持つサーバーを、DNS キャッシュサーバーと呼びます。

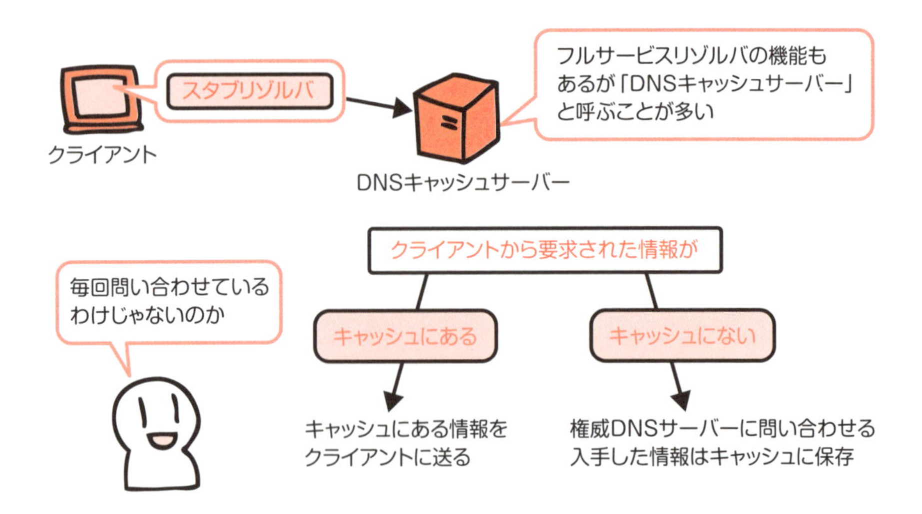

PC にも DNS キャッシュがある

クライアントの PC にも、DNS によって入手したドメイン名と IP アドレスの情報がキャッシュとして保存されています。

Windowsの「コマンドプロンプト」で
ipconfig /displaydns
と入力してEnterキーを押す

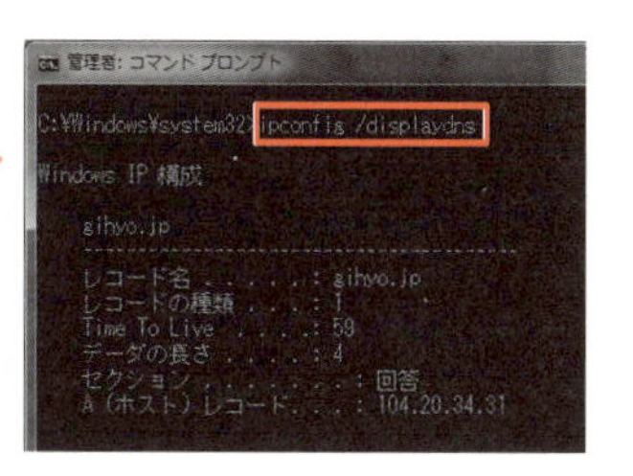

ネットワーク内を担当する DNS サーバーもある

グローバル IP アドレスではなく、ネットワーク内の IP アドレス（プライベート IP アドレス）とドメイン名の情報を提供する DNS サーバーもあります。ディレクトリサービス「Active Directory」（→ 138 ページ）を採用しているネットワークで使われています。

DNS サーバー？　ネームサーバー？

DNS サーバーは、「ネームサーバー」とも言います。この 2 つは同じです。また、「キャッシュ」「権威」などの役割を省略して、単に「DNS サーバー」と呼ぶ場合もあります。

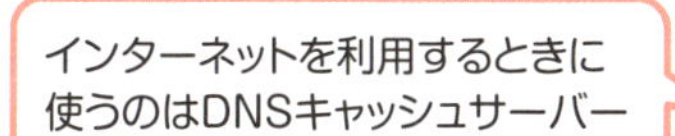

ドメイン名を取得してWebサイトに付けるときに設定するのは権威DNSサーバー

Active Directoryの話題ならネットワーク内担当のDNSサーバー

13 DHCPで接続情報を自動設定

DHCPは、ネットワークを利用するために必要な情報を自動的に取得し設定するためのアプリケーション層のプロトコルです。企業ネットワークはもちろん、家庭のネットワークでも使われています。

IPアドレスはいつ、誰が付けたの？

TCP/IPを採用しているネットワークでは、参加しているすべてのPCやサーバー、機器に、識別子としてIPアドレスが付けられています。しかし、ネットワークに接続しているユーザーが、個別にIPアドレスを設定することはありません。それは、接続に必要なIPアドレスなどの情報を自動的に割り当てるDHCP（Dynamic Host Configuration Protocol）というサービスを利用しているからです。

DHCP サーバーに情報をもらって自動的に設定

初めてネットワークに参加するクライアントは、そのネットワークにある DHCP サーバーから、自身の IP アドレスやデフォルトゲートウェイの IP アドレスなどの情報をもらい、自動的に設定が行われます。

・クライアントが使うIPアドレス
・サブネットマスク（→57ページ）
・デフォルトゲートウェイ（→69ページ）
・DNSサーバー（フルサービスリゾルバ）（→81ページ）のIPアドレス　など

DHCPサービスを利用するソフトウェアは、OSに標準装備されている

DHCP サーバーとクライアントがデータのやりとりを始めるとき、クライアントにはまだ IP アドレスが付いていません。また、DHCP サーバーの IP アドレスもわかりません。そこで、ブロードキャスト（→ 41 ページ）を使って DHCP サーバーを探します。

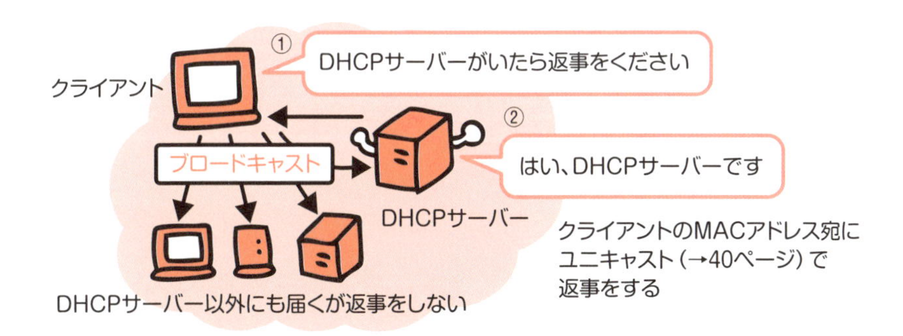

③どのDHCPサーバーを使うか、ブロードキャストで連絡し、設定情報をもらう

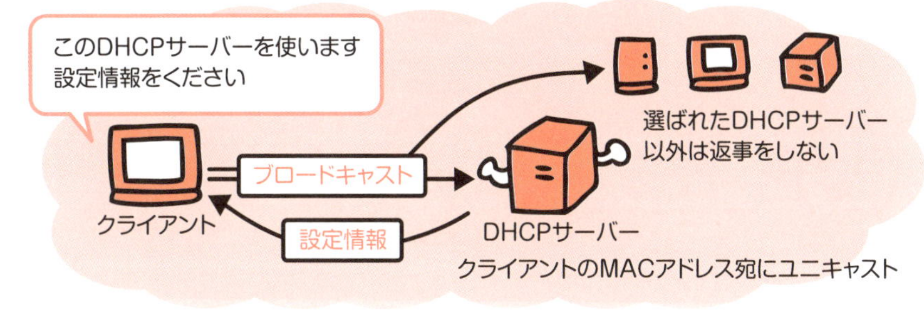

IP アドレスの範囲と貸出期限

DHCP サーバーは、あらかじめ指定された IP アドレスの範囲「アドレスプール」から、使っていない IP アドレスを 1 つ選んでクライアントに割り当てます。

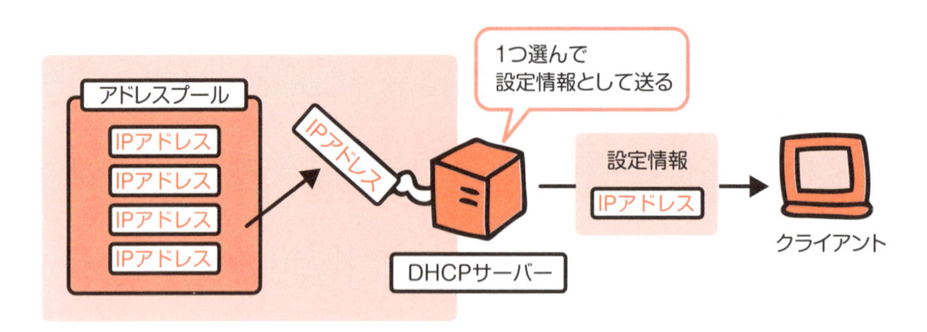

DHCP サーバーがアドレスプールから 1 つ選んで割り当てた IP アドレスには、いつまで使えるかの期限が決められています。期限が切れると、クライアントは再度 DHCP サーバーに連絡し、新しい IP アドレスをもらいます。

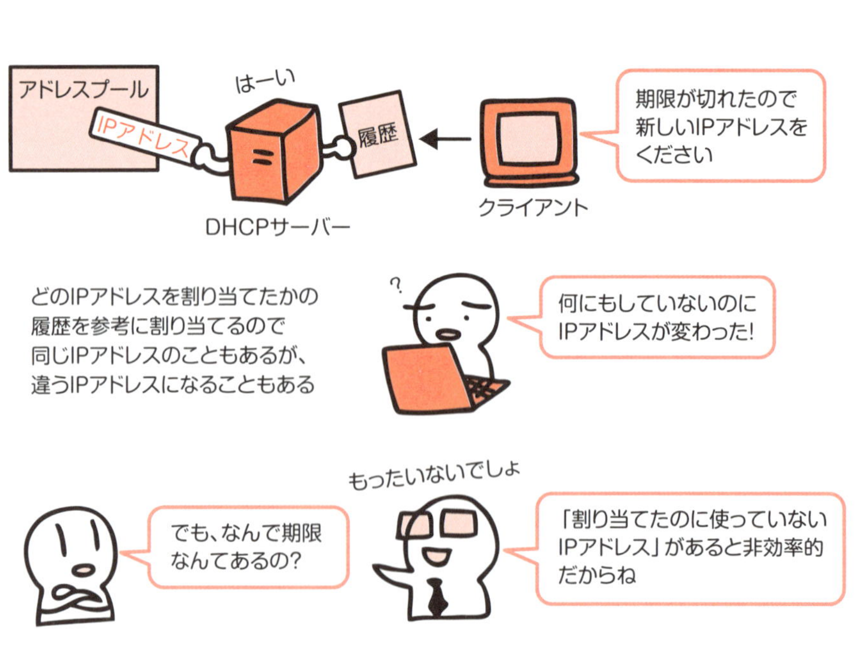

DHCP サービスのメリット

DHCP サービスを使うと、ユーザーは面倒な設定を行うことなくネットワークを利用できます。ネットワークを管理する側も、管理の手間が省けます。

常に同じ IP アドレスを付けておきたいサーバーや機器の場合は、DHCP サーバーの設定で「この MAC アドレスはこの IP アドレスに対応させる」と指定します。DHCP サーバーを使わず、サーバーや機器に IP アドレスなどの情報を直接指定することもできます。

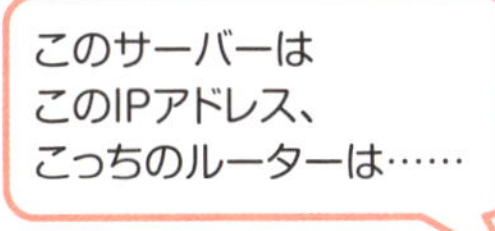

MACアドレス	IPアドレス
〰〰〰〰	………
〰〰〰〰	………
〰〰〰〰	………

これ以外はアドレスプールから選ぶ方法で

家庭用のルーターには DHCP が備わっている

家庭のネットワークで使われているルーターは、一般的に DHCP サーバーとしての機能もあわせ持っています。最初から家庭でのネットワーク利用を前提とした設定になっている機種も多く出回っています。

最初に設定情報を
入力した?
していないなら
DHCPサービスを
使っているはずだよ

1 ネットワークって何だろう?
2 データを相手に届けるための技術
3 データを活用するための技術
4 ネットワークを導入する
5 ネットワークのセキュリティ

COLUMN

トラブルが起きたら「障害の切り分け」

ネットワークには、さまざまなハードウェアが参加しています。使われているOSやソフトウェア、提供されているネットワークサービスもさまざまです。そのため、トラブルが起こったときに何が原因かわからず、困ることがよくあります。

トラブルが起きたら、まず悪いところと悪くないところを明確にします。これを「障害の切り分け」と言います。

- ☑ Webサイトは見られる?　見られるサイトと見られないサイトがある?
- ☑ メールは送信できる?　受信できる?
- ☑ トラブルは自分だけ?　ほかの人は?
- ☑ トラブルはいつから?
- ☑ トラブルが起きたタイミングで何かあった?　インストール?　セキュリティ更新?　など

障害の切り分けは、OSI参照モデルの下のレイヤーから順番に、トラブルが起きている場所の近くからだんだん遠くに、が基本です。

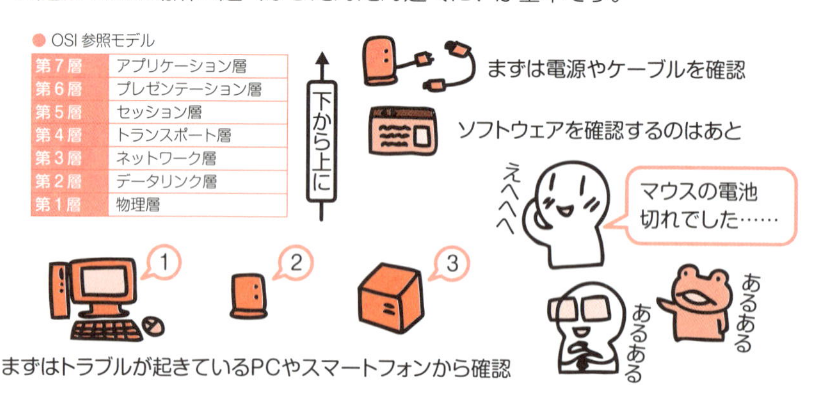

● OSI参照モデル

第7層	アプリケーション層
第6層	プレゼンテーション層
第5層	セッション層
第4層	トランスポート層
第3層	ネットワーク層
第2層	データリンク層
第1層	物理層

第3章 データを活用するための技術

この章では、第2章で解説した「つなげる技術」でやりとりされたデータを活用する、ネットワークサービスについてまとめました。Web、メール、動画配信、クラウドなど、身近なネットワークサービスが登場します。これまでユーザーとして利用していたネットワークサービスを、提供する側の視点で考えてみましょう。

IT技術者ではあっても、かっこいいホームページや
かわいい年賀状を作れたり、最近流行っているアプリを
使いこなしたりしていなかったりします

1 ネットワークサービスを知ろう

第2章では、ネットワークでデータをやりとりするための仕組みを解説しました。続いて本章では、やりとりしたデータを活用する仕組みについて見ていきます。

アプリケーション層はユーザーとネットワークの橋渡し役

TCP/IPの最上位のレイヤーであるアプリケーション層は、ユーザーが入力したデータやネットワーク経由で受け取ったデータを適切に処理して、ユーザーが活用できるようにする役割を持っています。

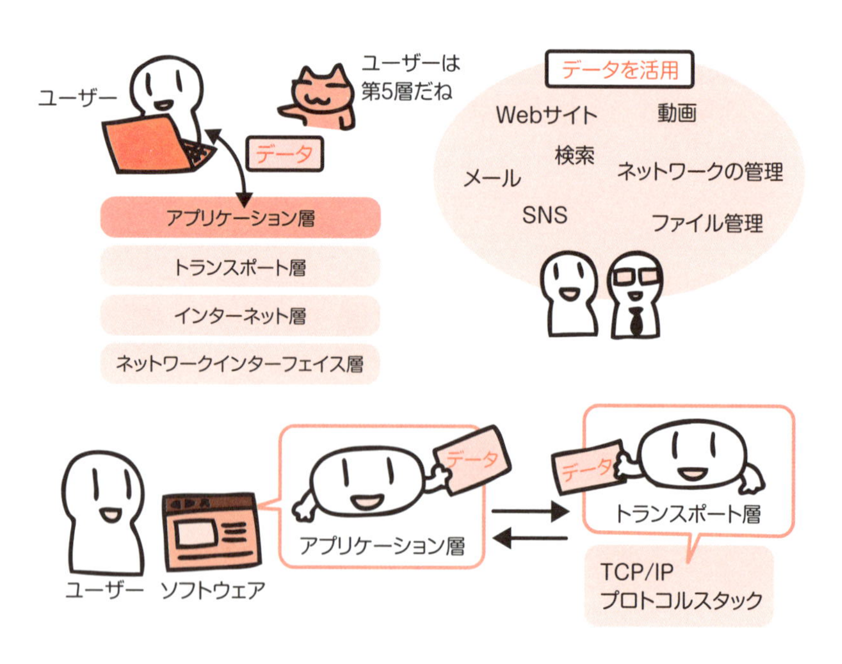

ネットワークサービスとは

ネットワークサービスとは、アプリケーション層のプロトコルに対応したクライアント側のソフトウェアがそのプロトコルに沿ってデータを適切に処理し、それをユーザーが利用するものと言えます。

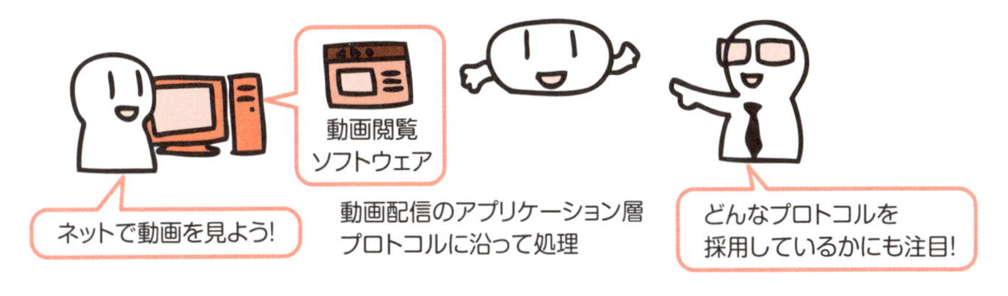

サーバー側ソフトもアプリケーション層のプロトコルに対応

ネットワークサービスでは、クライアント側だけでなくサーバー側でも、アプリケーション層プロトコルに対応したソフトウェア（サーバーソフト）が動作しています。

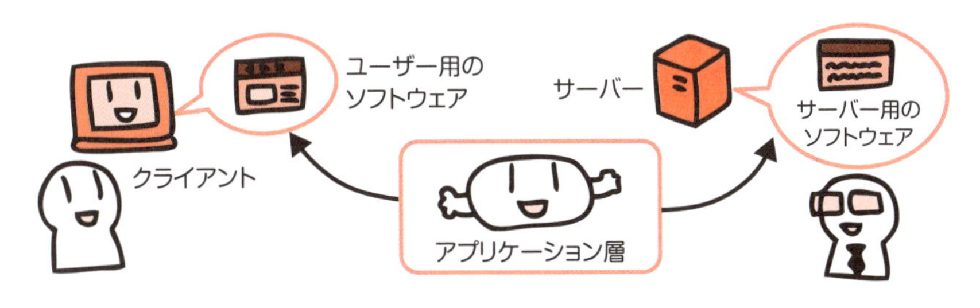

なお、本書では「ソフトウェア」や「ソフト」と呼んでいますが、「アプリケーション」という呼び方もあります。また、スマートフォンでは「アプリ」という名前が一般的です。いずれも、言葉の意味するところはほぼ同じです。

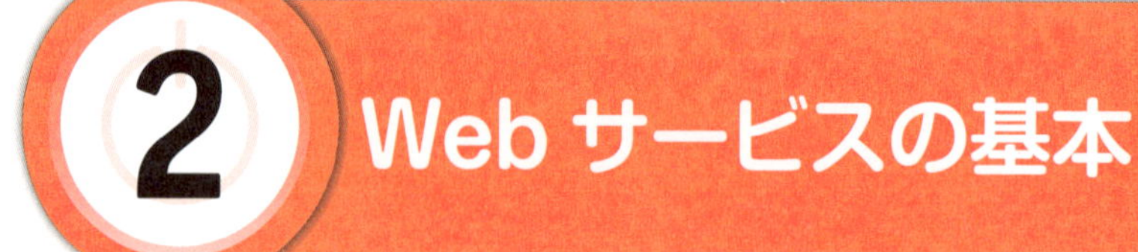

2 Webサービスの基本

もっとも広く利用されているネットワークサービスと言えるのが、Webサービスです。まずはWebの基本的な仕組みをしっかりと理解しておきましょう。

ほとんどの「インターネット利用」はWebサービスのこと

ネットワークを介して利用するサービスと言えば、Webサイト、SNSやブログ、検索などを思い浮かべると思います。実は、これらはすべてWebサービスに含まれます。Webサービスの基本となるポイントは、「HTTP」と「WWW」の2つです。

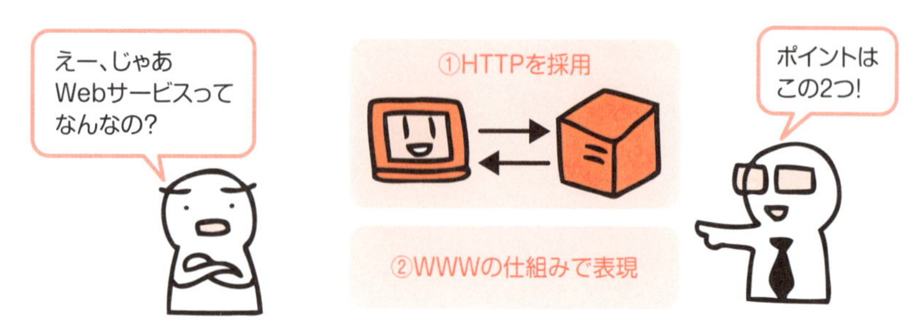

HTTP を使ったデータのやりとりはシンプル

Web サービスは、アプリケーション層のプロトコルとして HTTP を使います。クライアントが「HTTP リクエスト」を送り、サーバーが「HTTP レスポンス」を返すというシンプルな仕組みです。

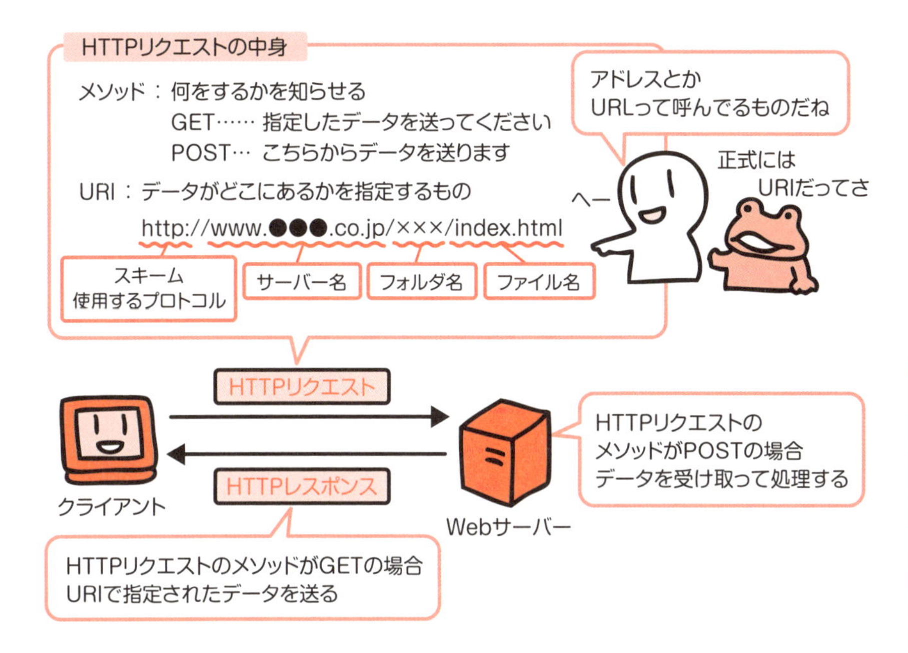

HTTP レスポンスにはデータを適切に扱うための情報が付いている

HTTP レスポンスには、クライアントに送るデータ本体に加え、データのやりとりの状況を知らせる「ステータスコード」、データ本体の種類や更新日時などの情報を知らせるヘッダーが含まれています。

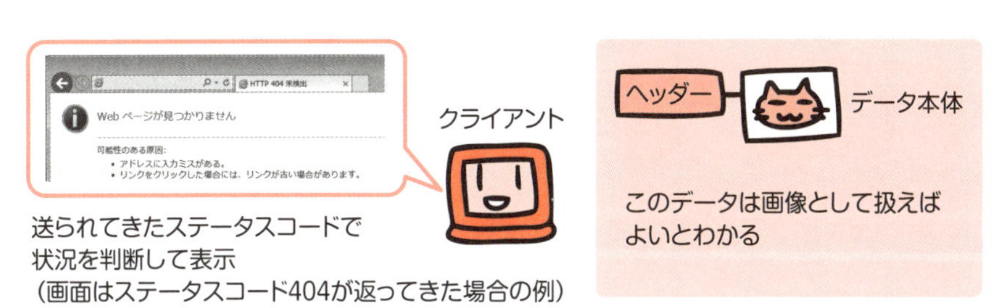

送られてきたステータスコードで
状況を判断して表示
（画面はステータスコード404が返ってきた場合の例）

WWWの仕組み

Webサービスを利用して私たちが見ているWebサイトは、WWW（World Wide Web、ワールドワイドウェブ）という仕組みに沿って作られています。WWWは、ネットワークを介してドキュメント（文書）を公開するための方法を定めたものです。

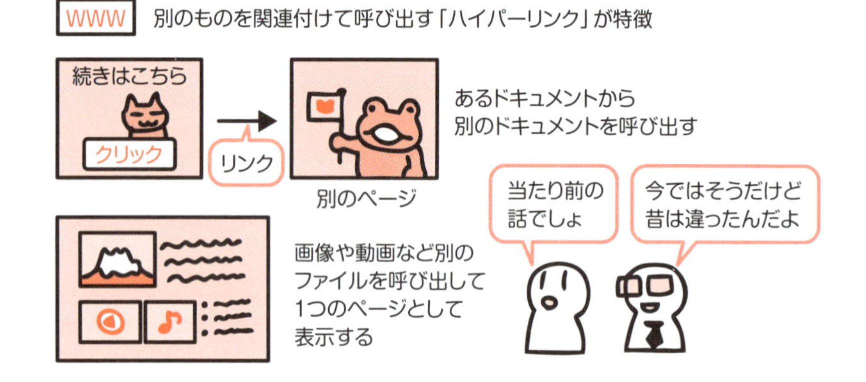

Webサービスは工夫次第でさまざまなことができる

HTTPというシンプルなプロトコルと、多彩な表現が可能なWWWという2つの特徴のおかげで、Webサービスはさまざまな形に進化しました。

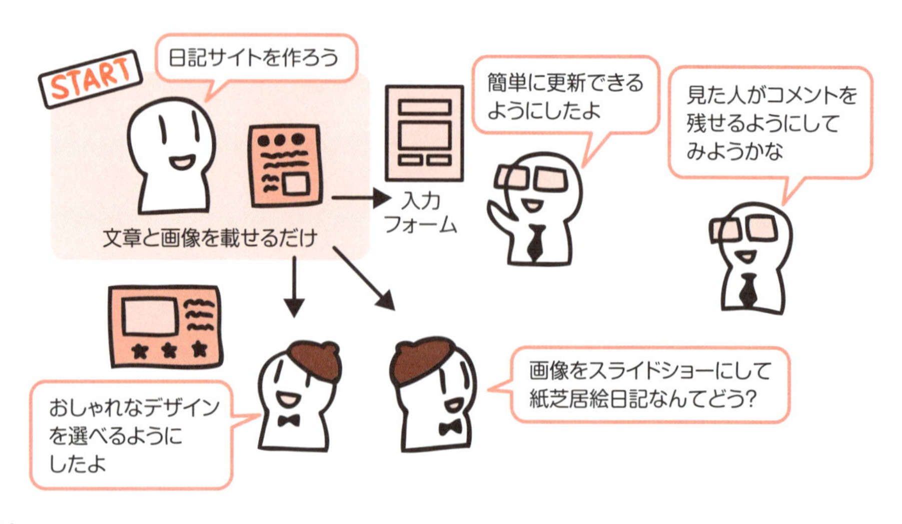

Web サービスで使われる技術

Web サービスでやりとりされるデータを活用するために、さまざまな技術が使われています。ここでは、その中でも代表的な「HTML」「CSS」「JavaScript」についてご紹介します。

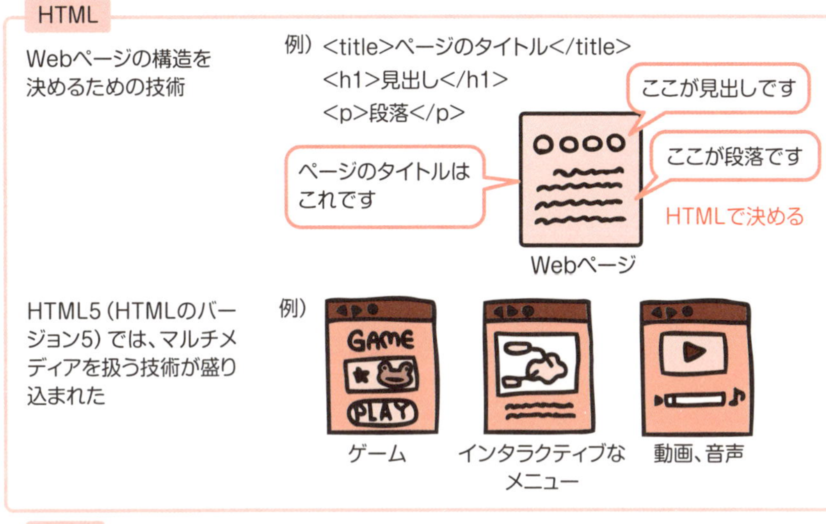

CSS

Webページのデザインを決めるための技術

例）color: red; ← 赤字にする
text-decoration: underline; ← 文字に下線を引く

JavaScript

Webページを見るためのソフト（Webブラウザーなど）で動作するプログラムを作るためのプログラミング言語

例）

画像などをランダム表示

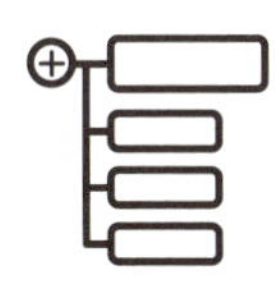

クリックするとサブカテゴリーが表示されるメニュー

3 Webサイトのしくみ

多くの Web サイトは、プログラムによって自動的に生成されています。自動的に生成することで、Web サイトを見る側にも、作る側にもメリットが生まれます。

Web サイトの基本的な作り方

Web サイトは、さまざまな方法で作成することができます。Word など広く使われているソフトウェアや、Windows OS 付属の「メモ帳」だけでも作成できますし、専用のソフトウェアを使って作成することもできます。いずれも、基本的な流れに大きな違いはありません。

①公開したいデータを用意する

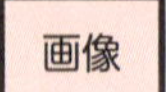

など

②ソフトウェアでWebページを作る

③Webサーバーの所定のフォルダに保存する

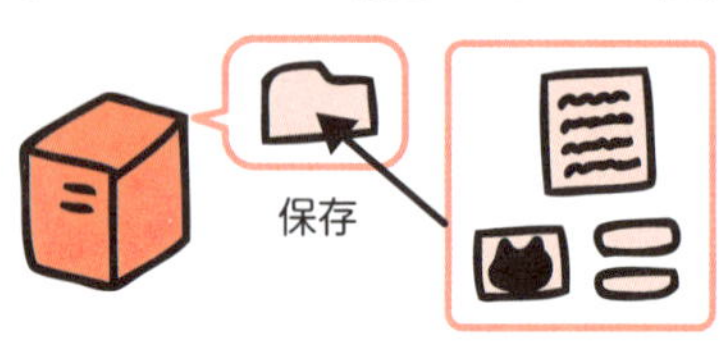

Webページを構成しているデータ

④Webサイトとして公開する

Webページが
まとまって
Webサイト

ページが
まとまって
本と同じ

Webブラウザーとは

Webブラウザーは Webサービスを利用するためのソフトウェアです。ユーザーは Webブラウザーを使い、データを送ってほしい Webサーバー宛に HTTP リクエストを送ります。そして Webブラウザーは、送られてきたデータを HTML や CSS（→ 95ページ）などの決まりに沿って表示します。代表的な Webブラウザーには、「Google Chrome」「Mozilla Firefox」「Microsoft Edge」「Safari」などがあります。

・URL（→93ページ）を入力
・Webページにあるリンクをクリック
・「ブックマーク」「お気に入り」で保存しておいたURLを指定

ユーザーは
これらの操作で
HTTPリクエスト
を送っている

CMSとは

現在公開されている Webサイトの多くが、自動的に Webサイトを作成し管理するしくみである「CMS」（コンテンツマネジメントシステム）で作られています。CMS を利用することで、Webサイトを作成した後の管理が簡単になります。無料で利用できる CMS「WordPress」が広く普及しています。

①CMSをWebサーバーに導入

②CMSを使ってWebサイトのデザインや構成を決めて公開

③CMSを使ってWebサイトを更新

日々の更新や簡単な修正なら
高度なITの知識がなくても
行えるのがメリット

4 SNSのしくみ

SNSは、ユーザーどうしのコミュニケーションをはかるのに便利な機能を持ったWebサービスです。通常のWebサイトとは目的が異なり、独自の見た目や機能を持っています。

SNSもWebサービス

SNSは「ソーシャル・ネットワーキング・サービス」(Social Networking Service)の略称です。ユーザーどうしのコミュニケーションの場としての役割を持っています。代表的なSNSに、Facebook、Twitter、Instagramがあります。なお、SNSでのデータのやりとりには、通常のWebサイトと同じHTTPが使われています。

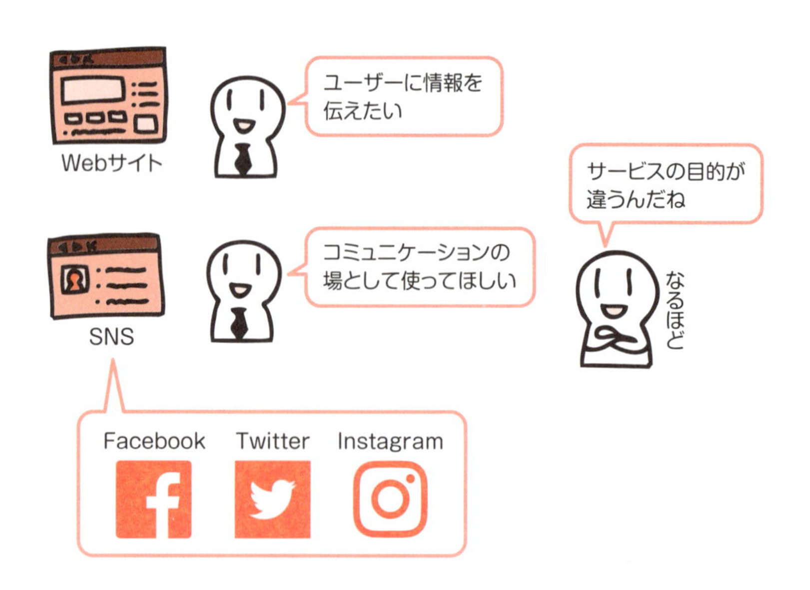

見た人の反応を目に見えるかたちに

SNSには、ユーザーが情報を手軽に発信する機能、発信した情報に対する反応がわかる機能が盛り込まれています。

短い文章や絵文字で
コミュニケーション

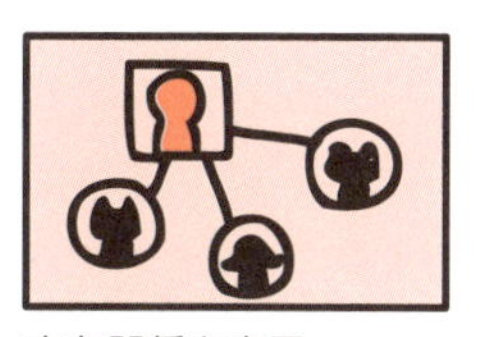

交友関係を表示

見た人がコメントを残す

相手が見たかわかる
誰が見たかわかる

ほかのコンテンツを「おすすめ」する機能も

ほかのユーザーが発信した情報やニュースサイトの記事など、自分が興味を持ったコンテンツを引用できるのもSNSの特徴です。

引用って言うと難しそうだけど
日常会話でよくやってることだよね

5 動画配信のしくみ

スマートフォンで手軽に撮影した動画から、プロが手がけた高品質な動画まで、インターネットではさまざまな動画を楽しむことができます。その配信形式は、大きく3つに分かれます。

保存してから再生するダウンロード

動画配信には「ダウンロード」「ストリーミング」「プログレッシブダウンロード」という3つの形式があります。

ダウンロードは、動画ファイルをネットワーク経由でダウンロードして保存してから再生する方法です。ダウンロードが完了するまで動画を再生できないため、待ち時間が発生します。利用するプロトコルは、一般的なWebサイトと同じHTTPです。

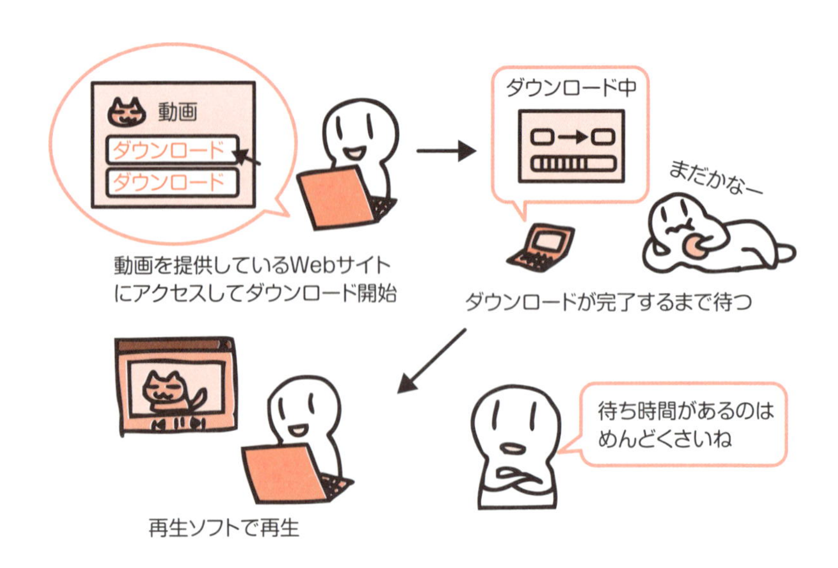

ダウンロードしながら再生するストリーミング

ストリーミングは、動画のデータをダウンロードしながら再生していきます。ダウンロードが完了する前に再生を始められるので、待ち時間が発生しません。専用のプロトコルを使用するため、サーバーとクライアント双方に、ストリーミングプロトコルに対応したソフトを用意する必要があります。再生したデータは、順次破棄されていきます。

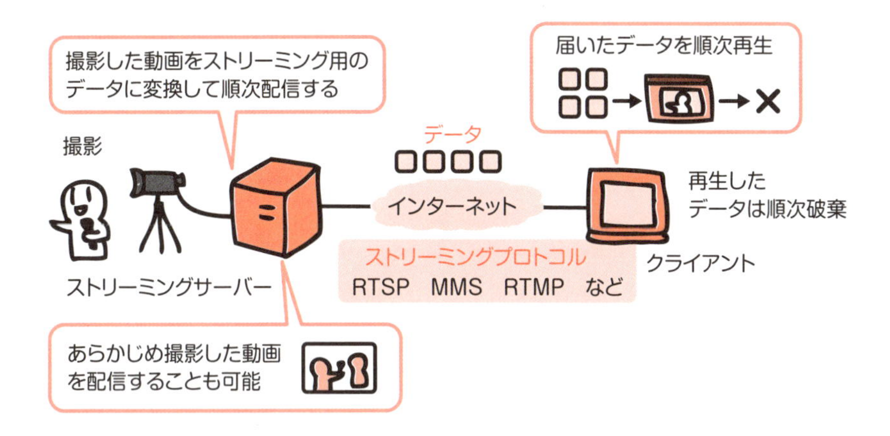

手軽だがファイルが残るプログレッシブダウンロード

プログレッシブダウンロードは、プロトコルにHTTPを使いつつも、ストリーミングのように届いたデータから順次再生していく形式です。ストリーミングと違い、再生した動画はクライアント側にファイルとして残ります。

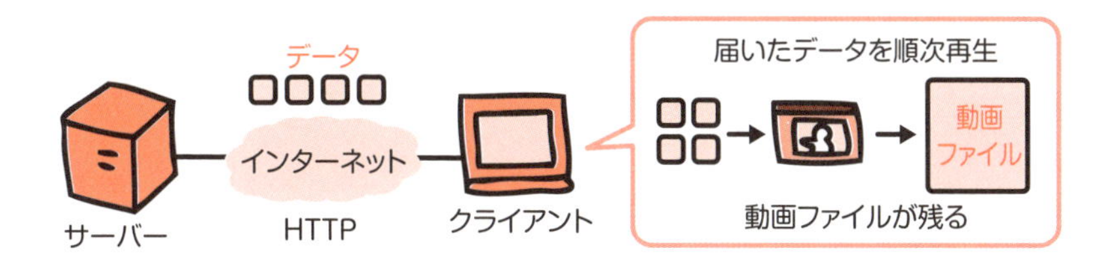

ネット検索のしくみ

ネット検索は、検索ワードを入力すると関連するWebサイトなどの情報を検索結果として提供するWebサービスです。ディレクトリ型とロボット型の2種類がありますが、現在はロボット型のネット検索サービスが主流です。

ディレクトリ型とロボット型

ネット検索サービスは、検索結果のもとになる情報を集める方法によって、ディレクトリ型とロボット型に分かれます。Googleをはじめ、現在のネット検索サービスの大半がロボット型を採用しています。

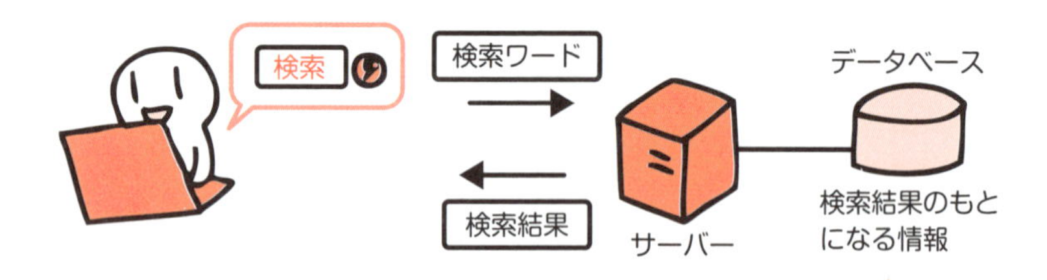

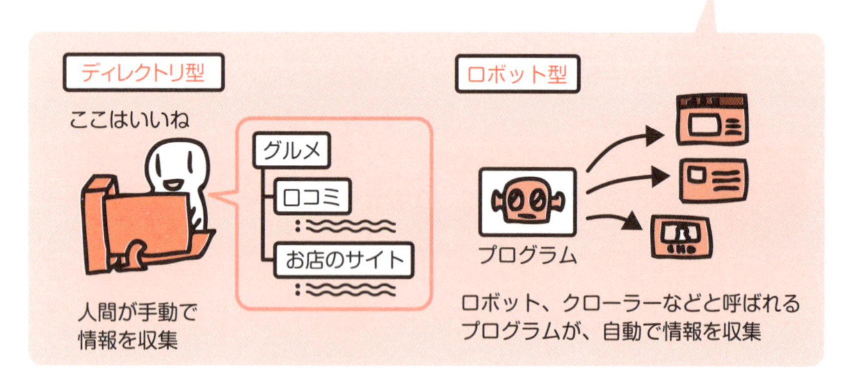

ロボット型検索サービスの仕組み

ロボット型は、インターネットで公開されているデータをプログラムによって自動で収集し、整理します。そして、収集・整理したデータをもとにした検索結果を、ユーザーに提供します。

7 メールのしくみ

メールサービスは、ネットワークを介して文章や画像などのファイルをユーザーどうしでやりとりするサービスです。インターネットではSMTPとPOP3、IMAP4というプロトコルを採用しています。

さまざまな形態で提供されているメールサービス

メールサービスは、クライアント側のPCにインストールしたメールソフトで利用するものや、Webブラウザーで利用するWebメールなど、様々な形で提供されています。

基本のメールサービス

メールサーバー名（SMTP、POP3またはIMAP4）
IDとパスワード
メールアドレス

メールソフトで利用する

使い始めるときに
メールソフトの
設定が必要

Outlook、メール（Windows 10）　など

Webメール

設定して基本の
メールサービスを
併用することもできる

Webブラウザーで利用する

Gmail、Yahoo! メール など

メールサービスを担当するプロトコル

メールソフトを利用したメールサービスでは、SMTP と POP3 という 2 つのアプリケーション層のプロトコルを使います。SMTP に対応した SMTP サーバーと、POP3 に対応した POP3 サーバーが、役割を分担してメールサービスを提供します。

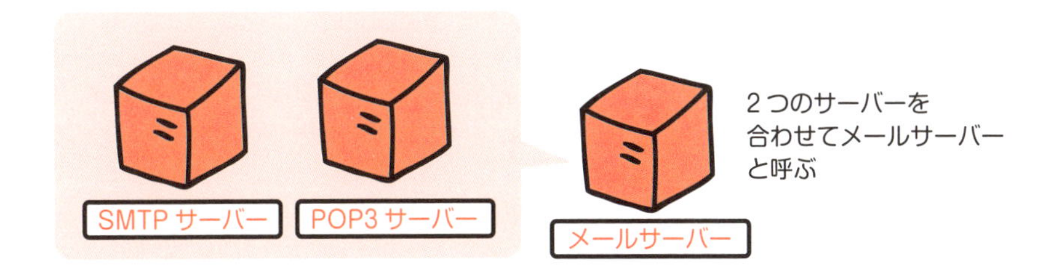

SMTP はメールの送信を担当

SMTP（Simple Mail Transfer Protocol）は、メールのデータを送信する役割を担っています。ユーザーが送ったメールをユーザーの SMTP サーバーが受け取り、メールを受け取る相手の SMTP サーバーに送ります。

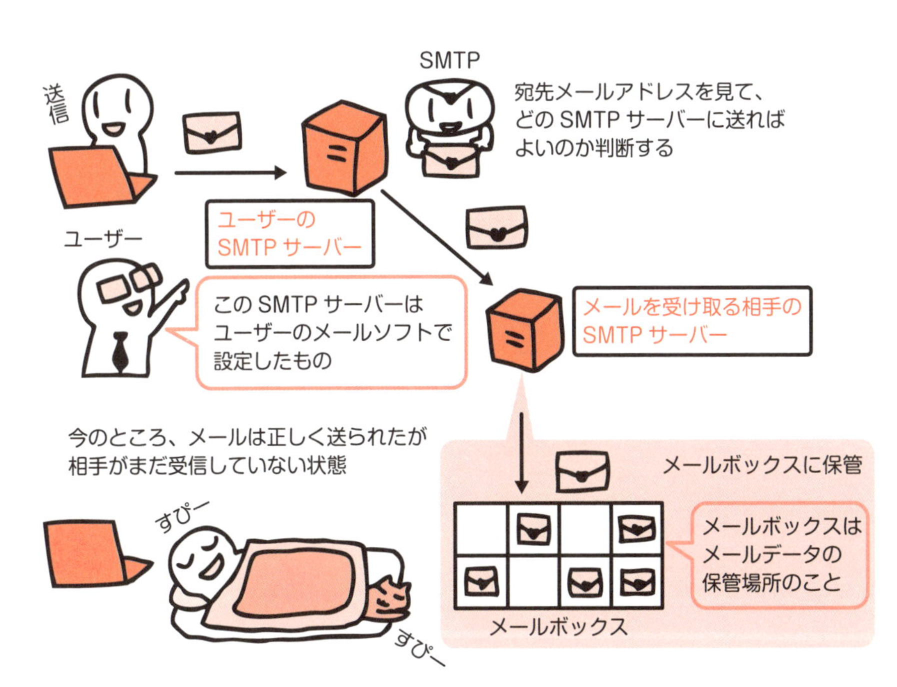

SMTP サーバーに認証機能を追加

従来、SMTP には ID とパスワードによる認証機能がなく、迷惑メール事業者などが勝手に SMTP サーバーを使うケースが見られました。そのため、現在では SMTP に認証機能を追加した仕組みが使われています。

POP3 を使ってユーザーがメールを受信する

POP3（Post Office Protocol Version 3）は、メールボックスに届いたメールをユーザーが受け取るときに使うプロトコルです。ID とパスワードによって、正しいユーザーかどうかの確認を行います。

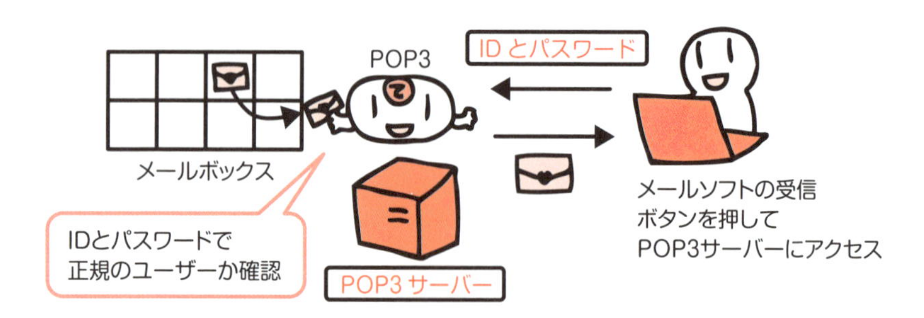

IMAP4 を使うとメールのデータはサーバーに残る

POP3 の代わりに、IMAP4（Internet Message Access Protocol Version 4）というプロトコルを使ってメールを受信することもできます。IMAP4 を使った場合、メールのデータはサーバーに保管されます。

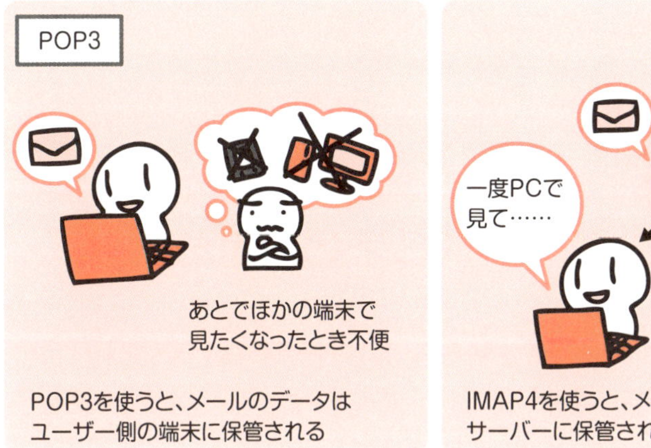

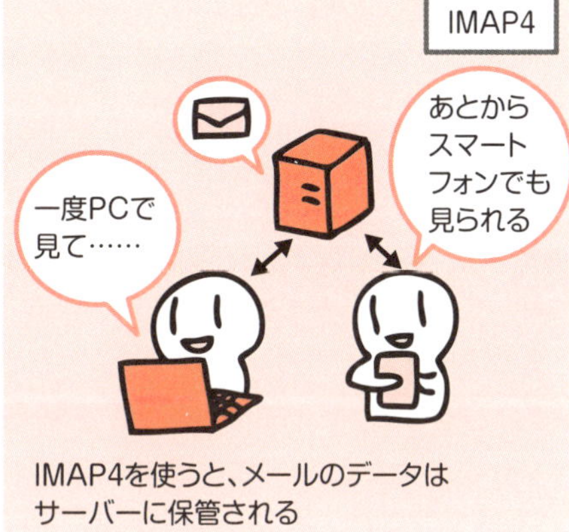

HTTP も使う Web メール

Web メールは、Web ブラウザーを使ってメールを送受信するサービスです。ユーザーと Web メールのサーバーとの間のデータのやりとりは、Web サービスと同じ HTTP を使います。

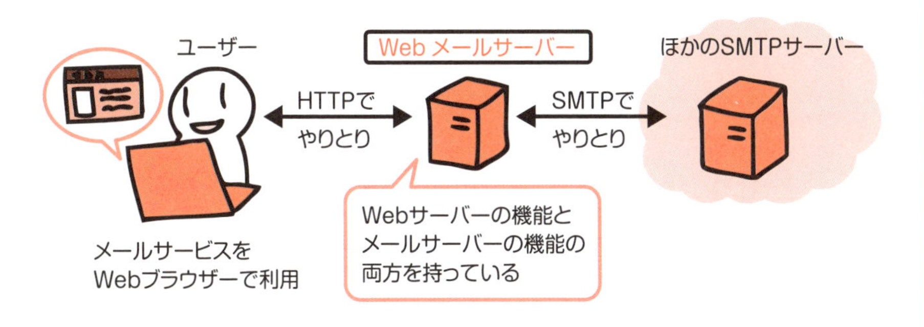

8 クラウドのしくみ

インターネットを利用しているとよく耳にする「クラウド」という言葉ですが、実はその定義ははっきりしていません。クラウドの実際の活用例を見て、理解していきましょう。

クラウドはインターネットの活用法

本書でもそうですが、インターネットを図で表すときに雲（英語でcloud）の形の絵を使います。これがクラウドの由来です。クラウドとは、雲で表した「インターネットの側にあるものを活用すること」なのです。クラウドは活用法のことなので、「これをクラウドと呼ぶ」という明確な定義はありません。実際の活用例を見て理解していきましょう。

クラウドで画像共有

クラウドの代表的な活用例としては、画像をサーバーに保管して共有するサービスが挙げられます。インターネットの側に画像を保管することで、複数の端末、複数のユーザーから、その画像を活用することができます。

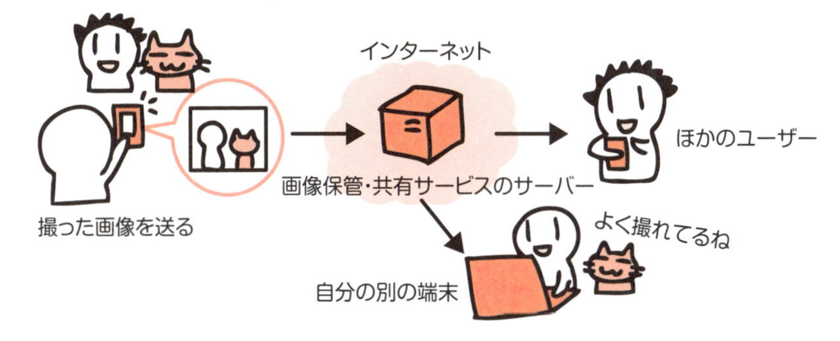

クラウドで画像加工

画像の保管・共有サービスを応用して、インターネット側で画像を加工することも可能です。画像加工ソフトをインストールする必要もなく、使用する機器を選びません。

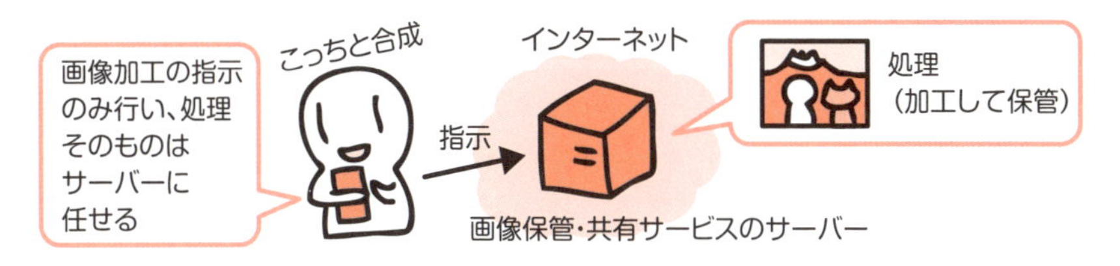

ビジネスでのクラウド

ビジネスシーンでは、仕事で必要なファイルをサーバーに保管して外出先で利用したり、同じ仕事をしている人たちで共有したりといったクラウドの活用法が普及しています。

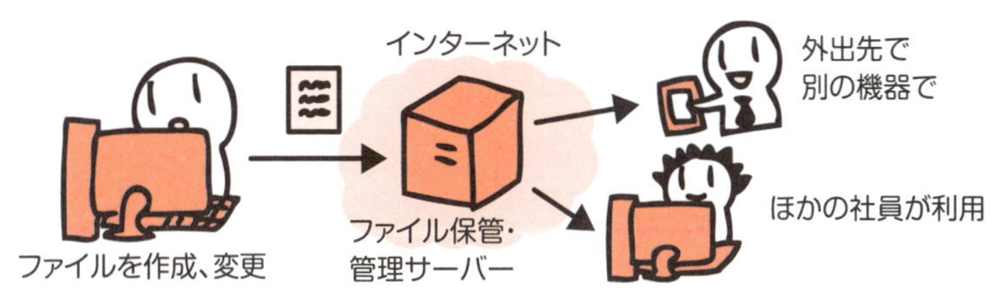

SaaS、IaaS、PaaS の違い

私たちがよく利用する身近なクラウドサービスは、SaaS（Software as a Service）と呼ばれます。SaaS は、クラウドを通して様々なサービスを提供することを目的としたクラウドの活用法です。それに対して IaaS（Infrastructure as a Service）、PaaS（Platform as a Service）は、技術者に向けてハードウェアやネットワーク、開発環境を提供するクラウドの活用法です。

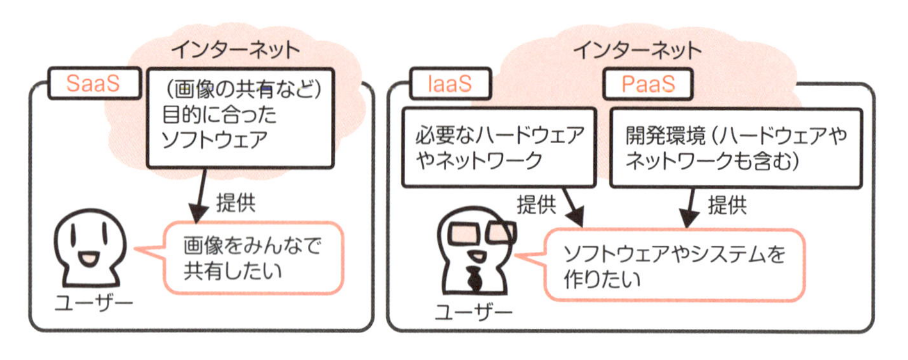

AWS とは

AWS（アマゾンウェブサービス）は、米 Amazon.com が提供するクラウドサービスです。AWS を利用する際は、クラウドでやりたいことに合わせて 100 以上の機能から必要なものを選びます。組み合わせによって AWS は SaaS にも、IaaS または PaaS にもなります。料金は、選んだ機能を使った分だけ支払う従量制となっています。

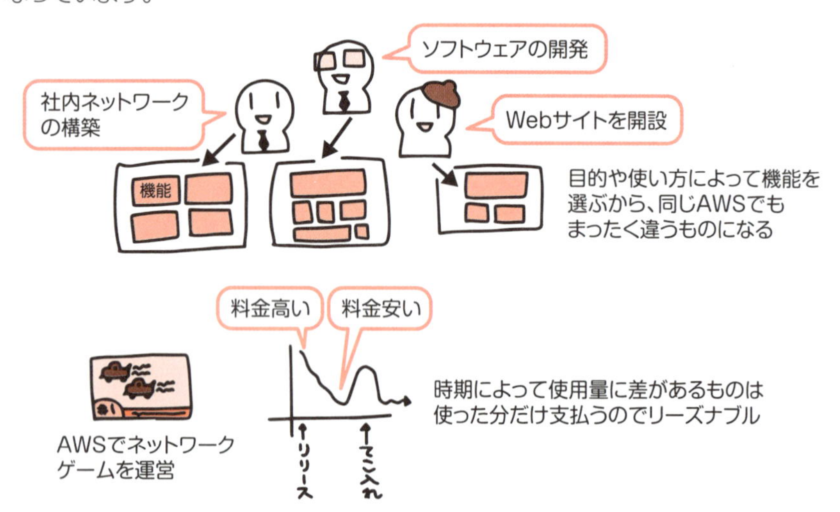

クラウドのメリット

クラウドでは、必要なデータやデータを処理する機能はインターネットの側にあります。インターネットに接続できる機器と接続環境があれば、いつでもどこでもそのデータや処理機能を活用できます。

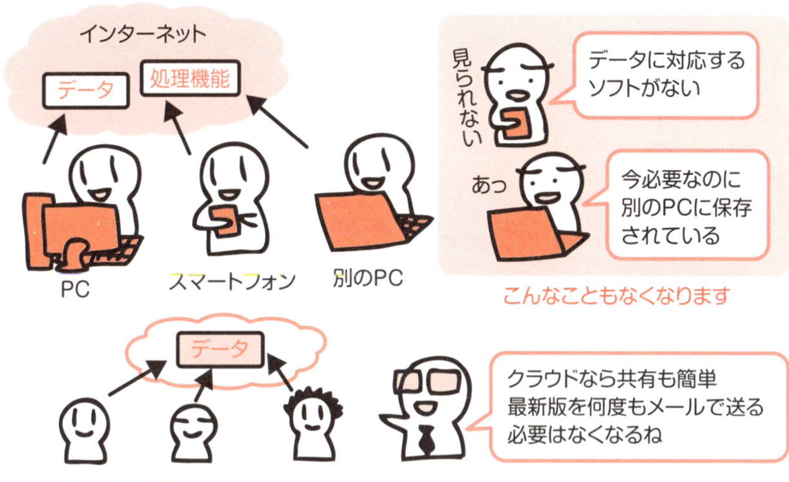

クラウドのデメリット

クラウドは、インターネットに接続していないと利用できません。また、利用しているクラウドサービスが将来的に利用できなくなる可能性もあります。重要なデータは手元の機器にコピーしておくなど、クラウドが使えなくなった場合のことも考えた対策をとりましょう。

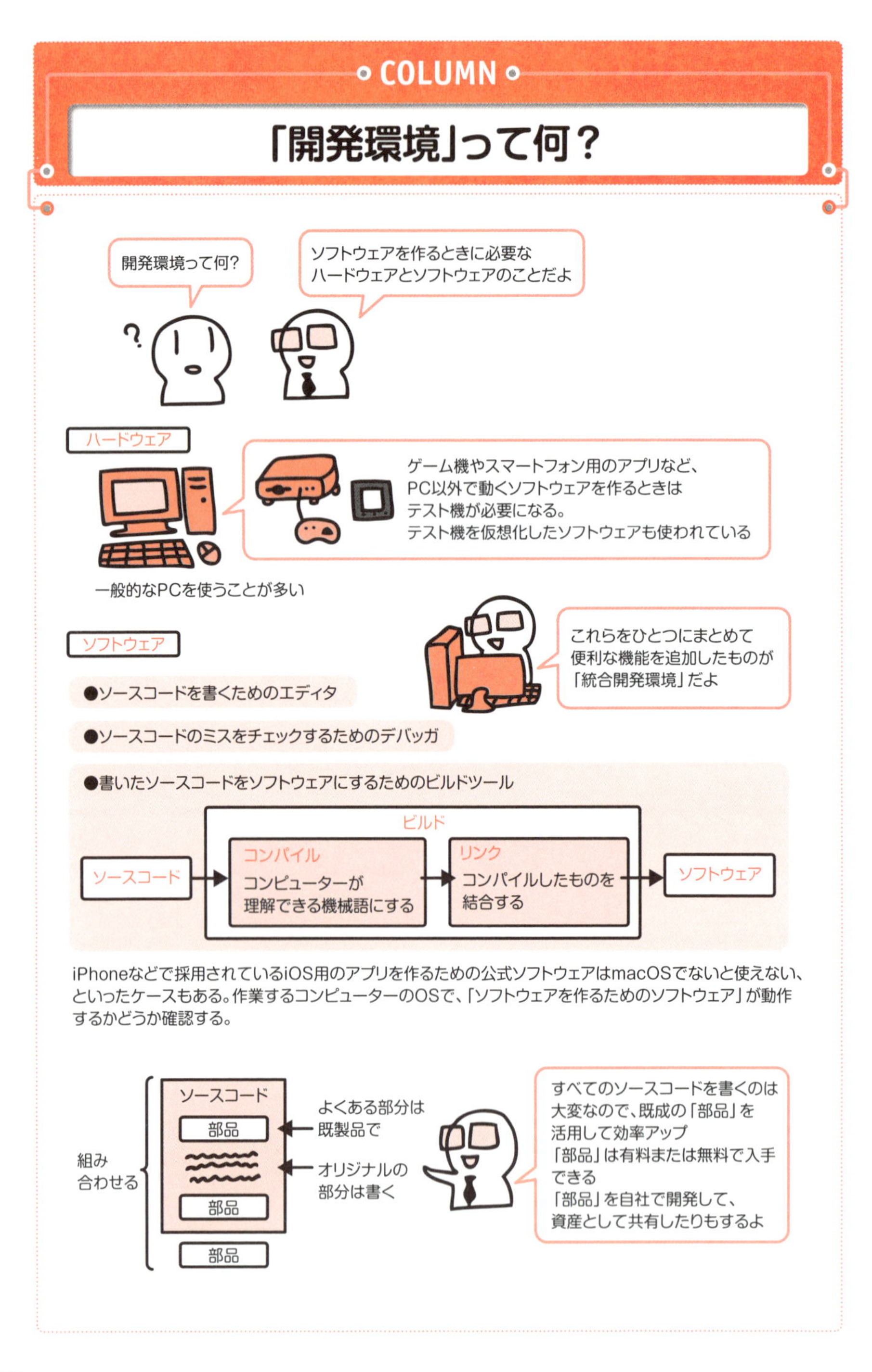
COLUMN
「開発環境」って何？
開発環境って何？
ソフトウェアを作るときに必要な
ハードウェアとソフトウェアのことだよ
ハードウェア
ゲーム機やスマートフォン用のアプリなど、
PC以外で動くソフトウェアを作るときは
テスト機が必要になる。
テスト機を仮想化したソフトウェアも使われている
一般的なPCを使うことが多い
ソフトウェア
これらをひとつにまとめて
便利な機能を追加したものが
「統合開発環境」だよ
●ソースコードを書くためのエディタ
●ソースコードのミスをチェックするためのデバッガ
●書いたソースコードをソフトウェアにするためのビルドツール
ビルド
ソースコード
コンパイル
コンピューターが
理解できる機械語にする
リンク
コンパイルしたものを
結合する
ソフトウェア
iPhoneなどで採用されているiOS用のアプリを作るための公式ソフトウェアはmacOSでないと使えない、
といったケースもある。作業するコンピューターのOSで、「ソフトウェアを作るためのソフトウェア」が動作
するかどうか確認する。
ソースコード
部品
部品
部品
組み
合わせる
よくある部分は
既製品で
オリジナルの
部分は書く
すべてのソースコードを書くのは
大変なので、既成の「部品」を
活用して効率アップ
「部品」は有料または無料で入手
できる
「部品」を自社で開発して、
資産として共有したりもするよ

第4章 ネットワークを導入する

この章では、ネットワーク機器、ISPなどの業者、LANで提供されているネットワークサービスなど、ネットワークを構築する際に知っておきたい事柄をまとめました。主に企業ネットワークで使われているものですが、自宅で「ネット接続」をするときにも役立ちます。

1 ネットワークの基本は家庭用も企業用も同じ

自宅でルーターの設定を行ったり、ケーブルを接続したり……といった経験のある人は多いと思います。企業ネットワークの構築も、基本はそれと同じです。

家庭のネットワーク構築

ネットワークの構築というと、難しそうだと考える人も多いかもしれません。しかし、家庭でルーターを用意して、インターネットに接続している人も多いでしょう。実は、これも立派なネットワークの構築なのです。ネットワーク導入の基本は、家庭の場合も企業の場合も、それほど大きくは変わらないのです。

①計画を立てる

②ネット接続事業者と契約

③機材を用意

④ケーブルの接続

⑤設定

⑥接続確認

企業ネットワークは規模が違う

企業ネットワーク構築の基本的な手順は、家庭のネットワーク構築とそう変わりません。違いはその規模にあります。多くの社員が利用するため、ネットワーク機器も事業者との契約も、大人数で使用できる業務用のものを選びます。

ネットワーク内のデータや機器の共有が重要に

企業では、社内でデータやプリンターなどの機器を共有するためにネットワークを活用しています。また、部署ごとにネットワークを分けて管理するなど、家庭のネットワークとは違った作業が必要となります。

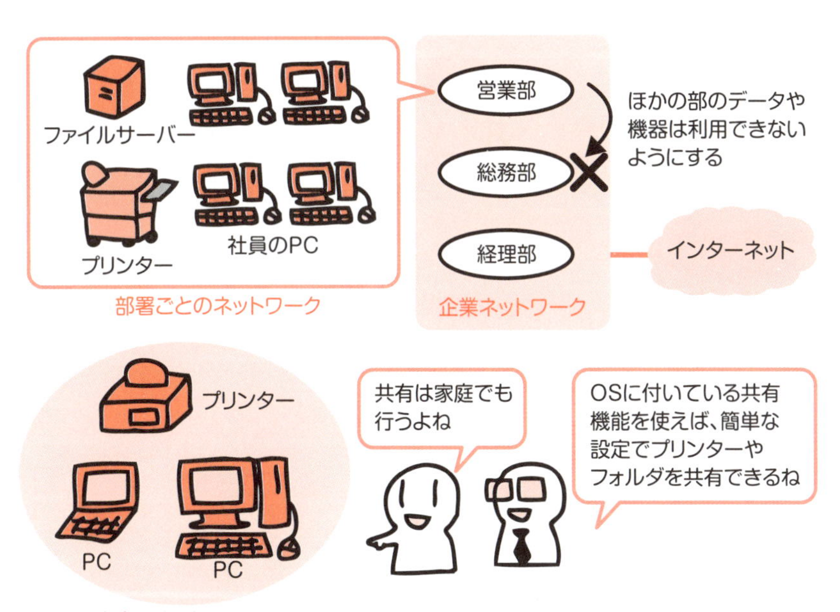

2 ネットワーク構築の準備

企業ネットワークを構築する前に、そのネットワークで何をしたいのかをはっきりさせておきます。それが決まれば、おのずと何が必要になるのかがわかります。

基本の構成から考える

企業ネットワークに求められる最低限の機能は、「インターネット接続」「プリンター共有」「ファイル共有」です。セキュリティを高めるためインターネットに接続しないなどの特別な理由がない限り、この3つは必要です。

（→118ページ）

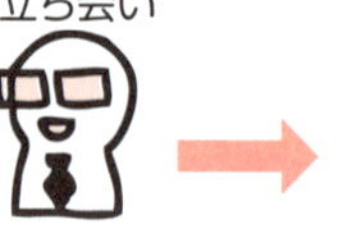

ネット接続事業者を選んで契約　工事　機器を用意して設定

プリンター共有

（→135ページ）

TCP/IPに対応しているプリンター、またはプリントサーバーを使う

ファイル共有

（→136ページ）

ファイル共有サービスを提供するファイルサーバーが必要

セキュリティ対策も必須だけどそれは5章で

便利な機能を追加する

企業ネットワークに必要な最低限の機能を揃えたら、必要に応じて便利な機能を付け加えていきます。

(→137ページ)

スケジュール管理

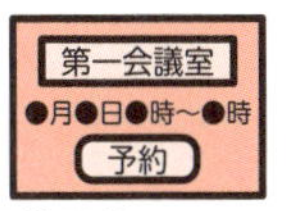

設備予約システム

社内SNS

ビデオ会議

など

インターネットに公開するサーバーの導入 (→140ページ)

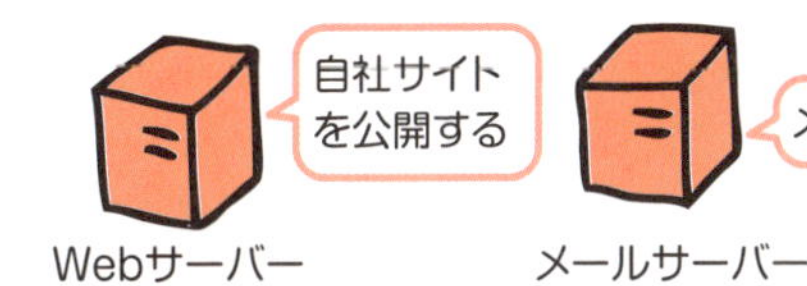

Webサーバー

メールサーバー

無線LANの導入 (→148ページ)

本社・支社間をWANで結ぶ (→144ページ)

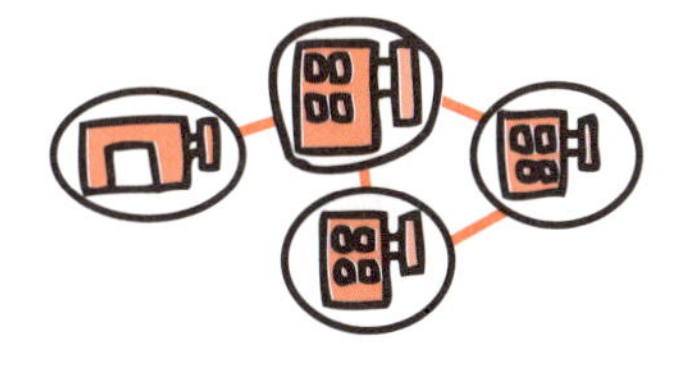

相談、打ち合わせは入念に

ネットワークの構築にあたっては、オフィスが賃貸の場合、建物のオーナーに工事について確認する必要があります。また、ネットワークを実際に利用する社員とのコミュニケーションをはかり、必要なこと、必要でないことをはっきりさせておくことも大切です。

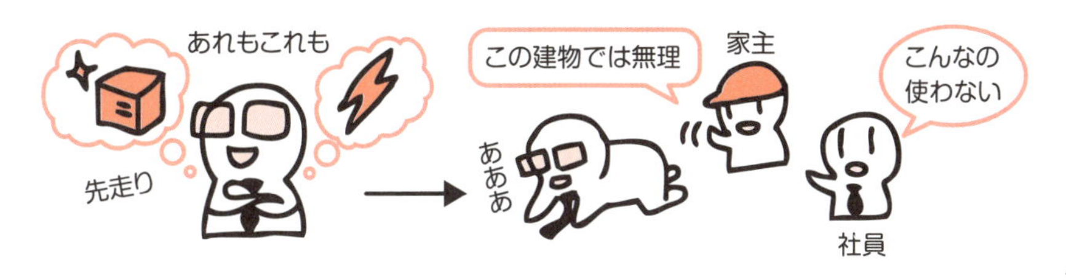

3 インターネット接続

会社のネットワークからインターネットに接続するには、回線事業者および ISP と契約する必要があります。接続に使う回線は、光ファイバーが主流です。地域に密着したケーブルテレビ接続や、無線での接続も普及しています。

インターネット接続に必要なもの

ネットワークの構築にあたって、インターネットへの接続環境を整えることは必要不可欠です。インターネットに接続するには、回線設備、グローバル IP アドレス、グローバル AS 番号、フルサービスリゾルバ (→ 81 ページ) を用意します。

回線設備

ネットワーク

ネットワーク

インターネットに接続している
ほかのネットワークと接続する

グローバルIPアドレス

インターネットで通用するIPアドレス

グローバルAS番号

AS番号はASを識別するための番号。
グローバルAS番号はインターネットで
通用するAS番号のこと

フルサービスリゾルバ

IPアドレスとドメイン名を変換

ICANNという組織が管理している。
日本の場合、ICANNから委託された
JPNICに申請して割り当ててもらう

すごく面倒だけど
これやらないとダメ?

インターネット接続事業者に必要なものを貸してもらう

企業が、左ページのようなインターネット接続に必要なものを自分たちで揃えるのは大変です。そこで、必要なものを貸し出す事業者が登場しました。回線設備を貸し出す回線事業者と、そのほかの必要なものを貸し出すISPです。

ISP (Internet Service Provider)

インターネットサービスプロバイダーの略。プロバイダーとも呼ぶ

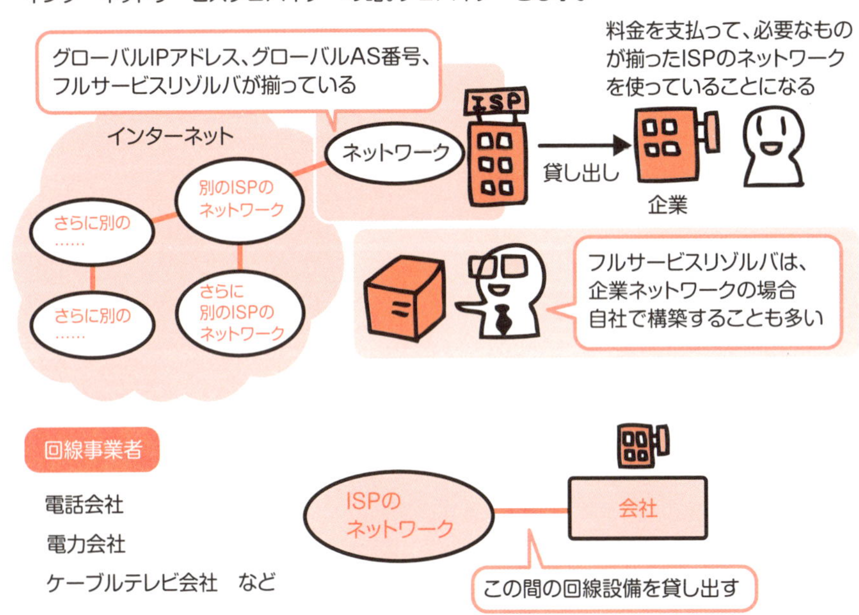

回線事業者

電話会社

電力会社

ケーブルテレビ会社　など

ISPの
ネットワーク

会社

この間の回線設備を貸し出す

インターネット接続の契約をするときは、回線事業者とISPをそれぞれ選ぶのが基本ですが、ISPと回線事業者を兼ねている事業者や、特定の回線事業者との契約をセットにしているISPなどを選ぶこともあります。

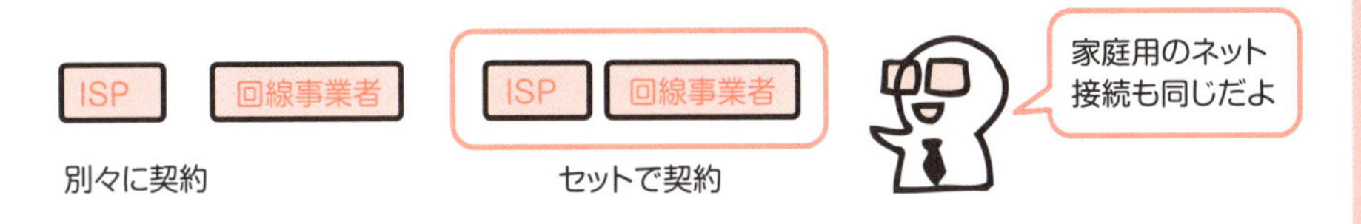

光ファイバー接続

ISP のネットワークと会社を結ぶ回線として広く普及しているのが、光ファイバーです。FTTH という呼び方もあります。

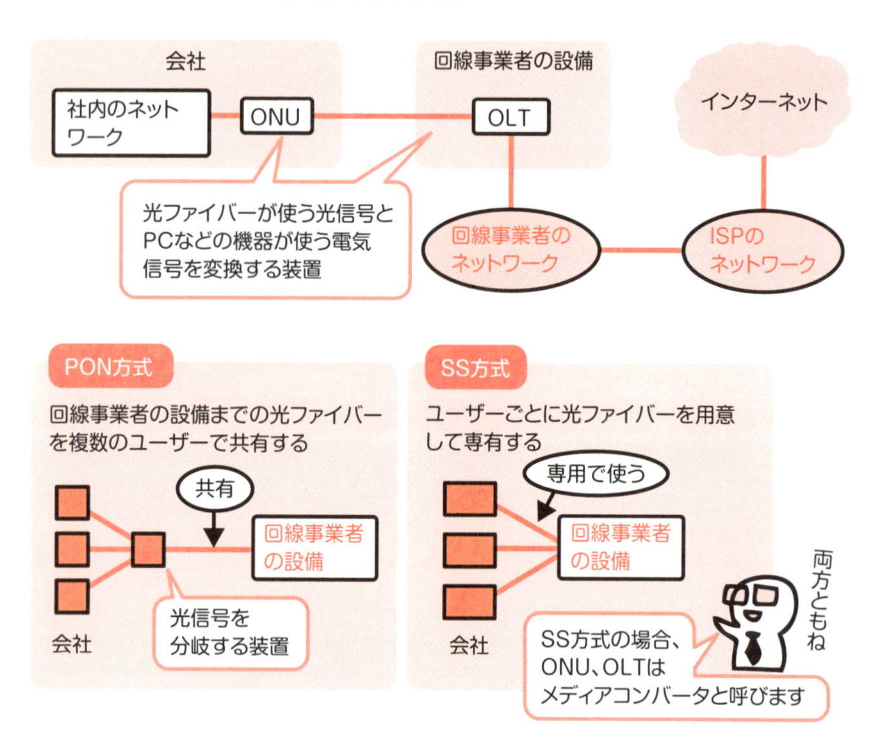

希望の回線設備を導入できないケースもある

回線設備を導入する際は、回線事業者の Web サイトなどで、回線を使用する場所がサービス提供エリアであることを確認しましょう。回線の種類によっては、敷設工事が可能かどうかも問題となります。

賃貸、集合住宅の場合は敷設工事の許可がおりないこともある

提供エリアはISPや回線事業者のWebサイトでも確認できる

通信速度「bps」

回線事業者やISPの説明でよく見かけるのが、「通信速度○Mbps」といった記述です。「bps」は、1秒間にどれだけ多くのデータを転送できるかを表す単位です。

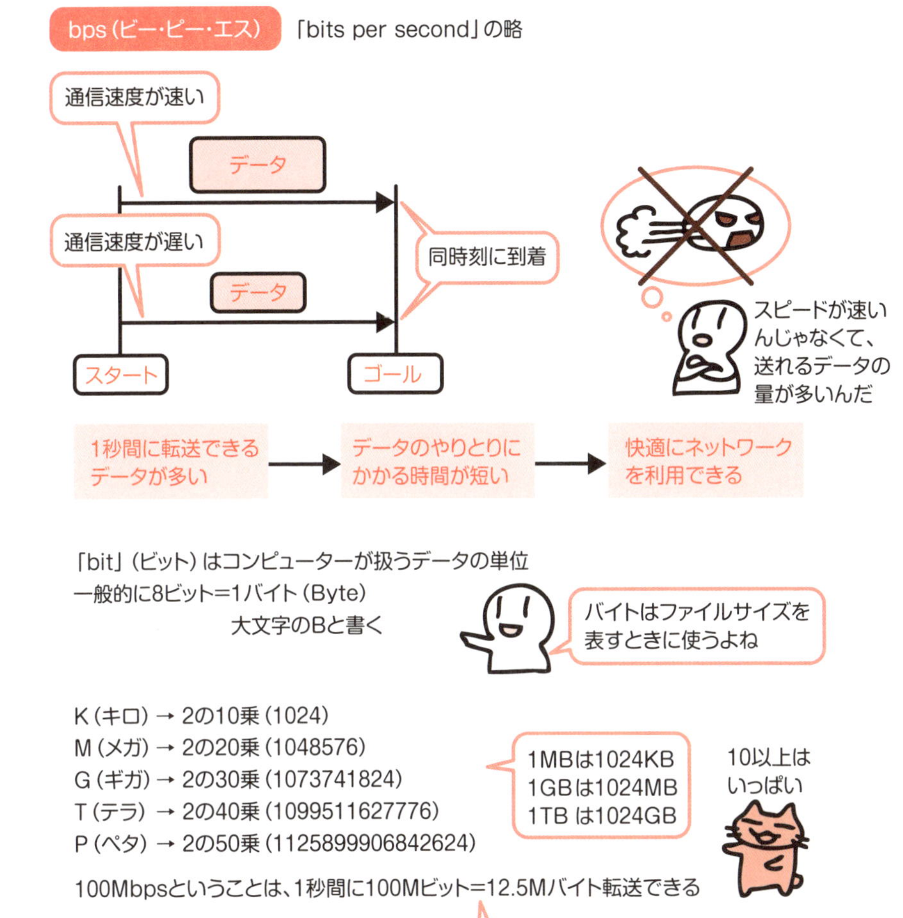

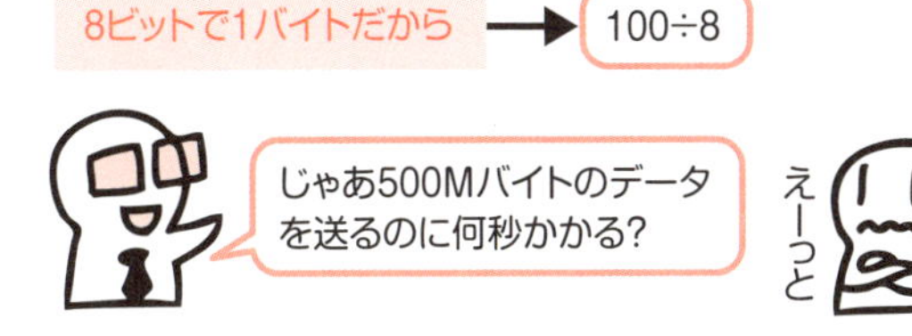

通信速度は「理論値」

回線事業者やISPの説明でうたわれている通信速度は、ネットワークにまったく問題がなかった場合の計算上の数字です。これを「理論値」と呼んでいます。実際の通信速度は、さまざまな要因によって理論値よりも低くなります。

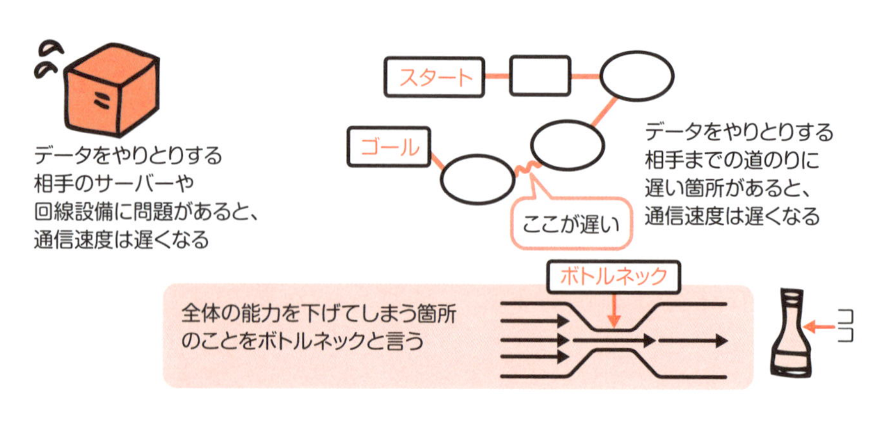

自社のネットワークにもボトルネックはある

世界中の人や団体が管理し利用しているインターネットでは、自分たちだけでボトルネックを解消することは難しいでしょう。しかし、自社のネットワークがボトルネックになっている可能性もあります。問題が生じていないか、確認が必要です。

回線事業者とISPのオプションサービス

回線事業者とISPは、インターネット接続に必要なものを貸し出すだけでなく、インターネットを利用するときに便利なオプションサービスも提供しています。

メールサービス

- ISPが所有するメールサーバーを使える
- メールアドレスをもらえる
- Webメールサービス、迷惑メール対策サービスを提供しているISPも多い

Webサイトを開設

- ISPが所有するWebサーバーを使える
- ISPが用意したWebページを自動生成する仕組み（→97ページ）を使える

機器のレンタル

- 接続に必要な機器とは別に、無線LANルーターや外出先で使えるモバイルルーターなどを貸し出す

IP電話サービス

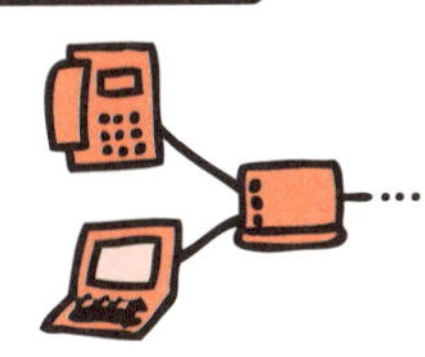

- 回線事業者やISPが所有するネットワークを使って音声通話をするサービス
- 普通の電話機を使える
- インターネット接続に必要な機器とは別のIP電話用接続機器が必要

固定グローバルIPアドレス

- 自社のネットワーク内に、インターネットに公開するサーバー（Webサーバー、メールサーバー、フルサービスリゾルバなど）を設置する場合に必要（→141ページ）

ネットワーク機器

ネットワークで使われている基本的な機器について整理しましょう。適切な機器を適切な場所に設置することによって、より快適なネットワークを構築できます。

ケーブルを集めてつなぐハブ

ハブは、ケーブルを中継して PC やほかの機器を接続するためのネットワーク機器です。USB ポートを増やす「USB ハブ」もハブの一種ですが、ネットワークの話題でハブと言えば、プロトコルとしてイーサネットを採用したものを指します。

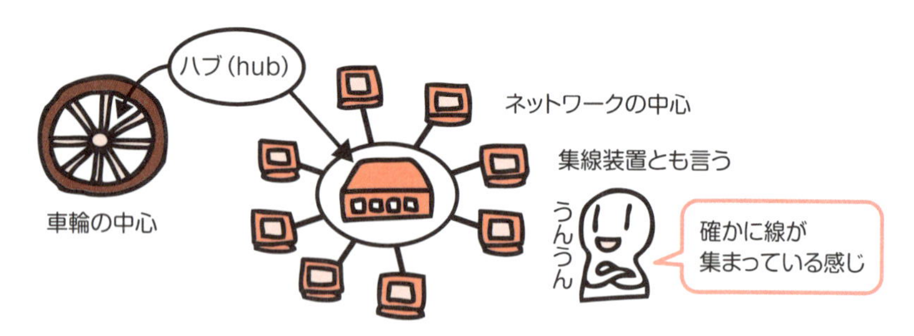

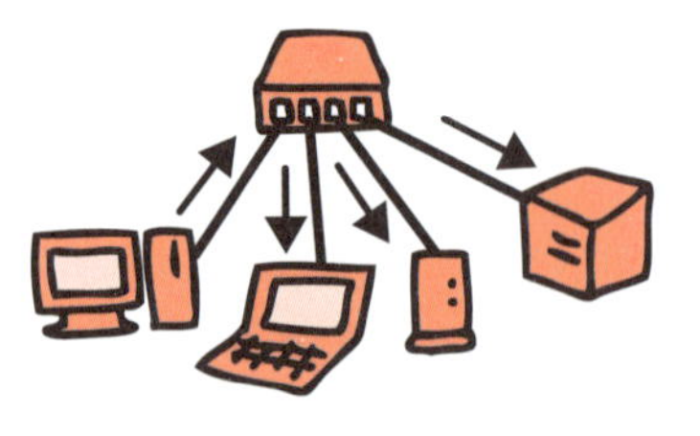

ハブどうしを接続して、接続できる機器の
数を増やすこともできる

ほかのネットワークと接続するルーター

ルーターはルーティング（→ 62 ページ）を行う機器です。異なるネットワークどうしを接続するときに使います。

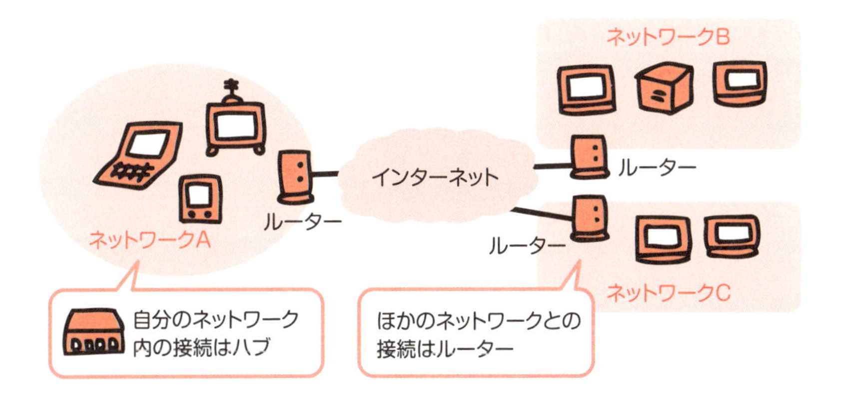

相手を選んで送るスイッチ

スイッチは、相手を選んでデータを送る機能を持ったネットワーク機器です。スイッチは、OSI 参照モデルのどのレイヤーまでを扱えるかによって、「レイヤー2 スイッチ」（L2SW）、「レイヤー3 スイッチ」（L3SW）などと呼び分けています。

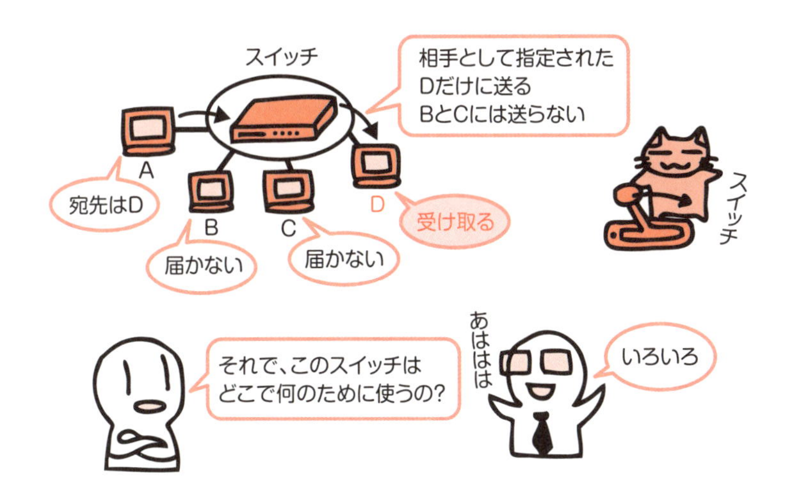

OSI参照モデルでネットワーク機器の役割を考える

さまざまなネットワーク機器の違いを整理するときは、OSI参照モデルのどのレイヤーまでを扱えるかに注目してみましょう。

OSI参照モデルのレイヤー		代表的なネットワーク機器	データをやりとりする相手を判断する材料
第7層	アプリケーション層	レイヤー7スイッチ	パケットの中身
第6層	プレゼンテーション層		
第5層	セッション層		
第4層	トランスポート層	レイヤー4スイッチ	ポート番号
第3層	ネットワーク層	ルーター、レイヤー3スイッチ	IPアドレス
第2層	データリンク層	レイヤー2(スイッチングハブ)	MACアドレス
第1層	物理層	リピーターハブ	(なし)

スイッチングハブとレイヤー2スイッチ

スイッチングハブは、MACアドレスをもとにデータの送り先を切り替える機能があるハブです。スイッチングハブとレイヤー2スイッチは同じものです。

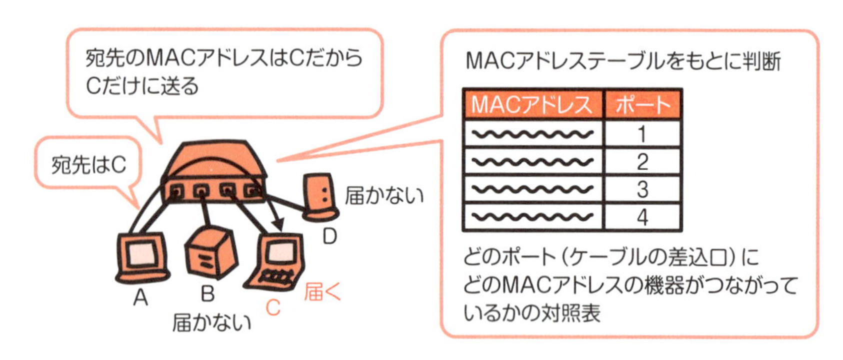

なお、現在使われているハブの大半はスイッチングハブです。単に「ハブ」と言った場合はスイッチングハブを指します。それに対して、接続されているすべての機器にデータを送るハブをリピーターハブと呼びますが、現在ではあまり使われていません。

ルーターとレイヤー3 スイッチ

レイヤー3 スイッチは、1 つのネットワーク内にある、小さなネットワークどうしをつなぐ役割をしています。ルーターと似ていますが、ルーターは、ほかのネットワークとの間をつなぐ機器であるという点で、レイヤー3 スイッチと使い分けられます。なお、レイヤー4 スイッチとレイヤー7 スイッチは、主にインターネットで公開する Web サーバーなどの負荷を分散する「ロードバランサー」として使われています。レイヤー4 スイッチはポート番号、レイヤー7 スイッチはデータの中身で判断して振り分けを行います。

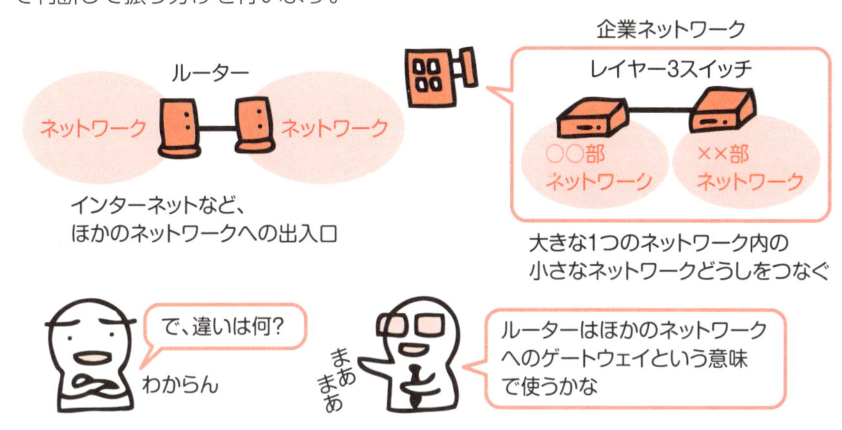

実際に使われている機器はもう少し複雑

ネットワーク機器によっては、OSI 参照モデルの上位のレイヤーにあたる機能を持っていたり、異なる役割を持つ複数の機器を、1 台のケース（筐体）に収めていたりするものがあります。

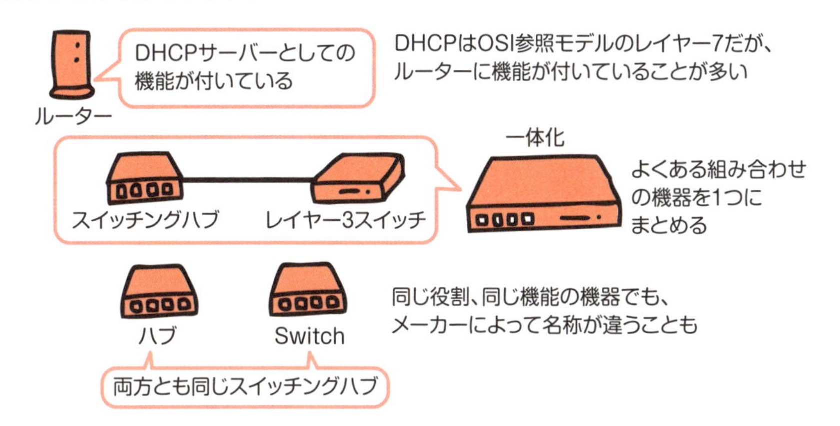

5 LANケーブル

ネットワーク機器やPCを接続するLANケーブルには、さまざまな種類があります。快適なネットワークを構築するには、適切なケーブル選びが大切です。

LANケーブルの種類

コンピューターやネットワーク機器を接続するケーブルは、LANケーブルまたはイーサネット（Ethernet）ケーブルと言います。通信速度や対応するイーサネットの規格に合わせて選びます。

分類	Ethernet		Fast Ethernet	Gigabit Ethernet		
規格	10BASE-5	10BASE-T	100BASE-TX	1000BASE-T	1000BASE-SX	1000BASE-LX
トポロジー	バス型	スター型	スター型	スター型	スター型	スター型
ケーブル	太い同軸ケーブル（Thick Coax）	ツイストペアケーブル（UTP）	ツイストペアケーブル（UTPカテゴリー5）	ツイストペアケーブル（UTPカテゴリー5e）	光ファイバー	光ファイバー
通信速度	10Mbps	10Mbps	100Mbps	1000Mbps	1000Mbps	1000Mbps
最大伝送距離	500m	100m	100m	100m	550m	550m/5km
備考	1セグメント当たり最大接続MAU（トランシーバ）100台。	リピーターハブの多段接続は4段階まで。	リピーターハブの多段接続は2段階まで。	100BASE-T、100BASE-TXとネットワークを共有できる。	企業の基幹的なバックボーンLAN回線に使用される場合が多い。	企業の基幹的なバックボーンLAN回線に使用される場合が多い。

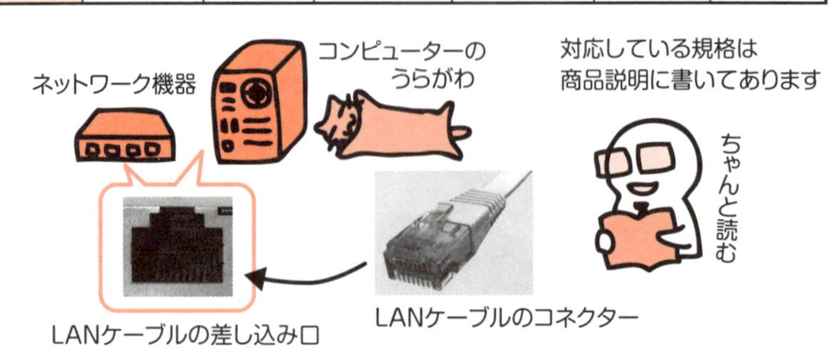

ツイストペアケーブルの規格「カテゴリー」

実際に LAN ケーブルを選ぶときは、ツイストペアケーブルの規格であるカテゴリーを確認します。カテゴリーによって、対応するイーサネットの規格が異なります。また、カテゴリーの数字が大きい方が転送速度が速くなります。

	最大速度	対応する規格
カテゴリー3	10Mbps	10BASE-T
カテゴリー5	100Mbps	100BASE-TX
カテゴリー5e	1Gbps	1000BASE-T
カテゴリー6	1Gbps	1000BASE-TX
カテゴリー6A	10Gbps	10GBASE-T
カテゴリー7	10Gbps	10GBASE-T

電線を2本ずつよりあわせたケーブルのこと。撚り対線(よりついせん)とも呼ぶ

単線と撚り線

ツイストペアケーブルには単線と撚り線という種類があります。単線は長距離でも安定したデータのやりとりができます。撚り線は柔らかく取り回しをしやすいのがメリットです。

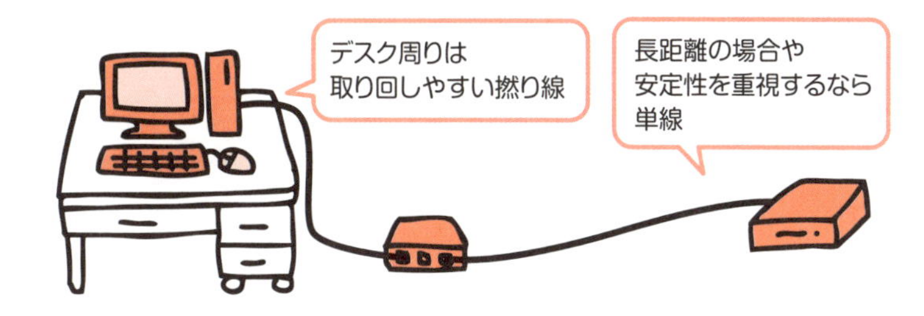

ストレートケーブルとクロスケーブル

LAN ケーブルには、ストレートケーブルとクロスケーブルという種類もあります。通常はストレートケーブルを使います。

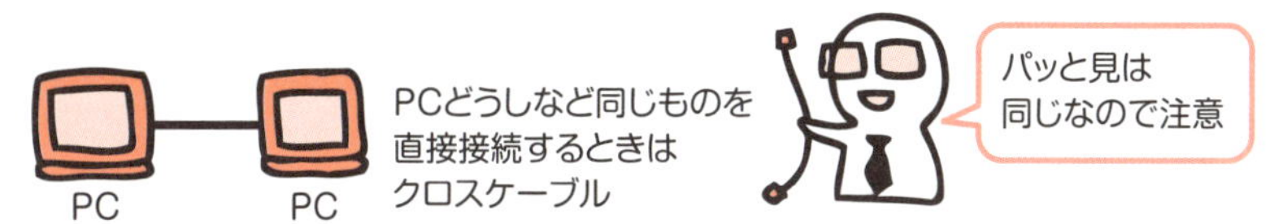

6 小さなネットワークに分けて管理

企業ネットワークは家庭のネットワークに比べて規模が大きいので、管理しやすいように小さなネットワークに分けるのが一般的です。1つの大きなネットワークにするより、小さく分けた方がセキュリティも向上します。

ネットワーク構成図で計画を立てる

企業ネットワークでは、フロアや部署ごとに小さなネットワークを作るのが一般的です。構成が複雑になるため、最初にネットワーク構成図を作成して具体的に計画を立てます。

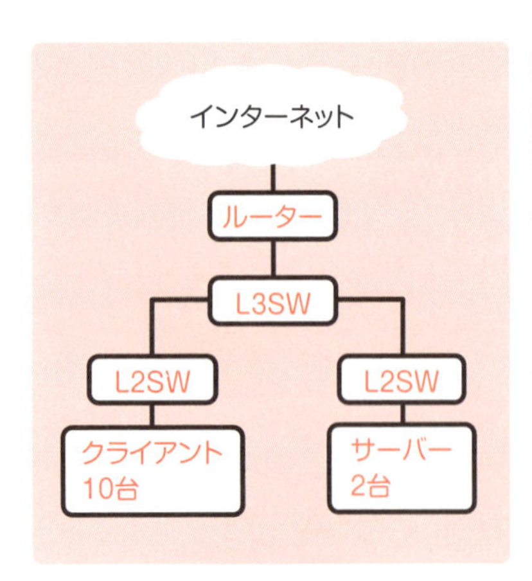

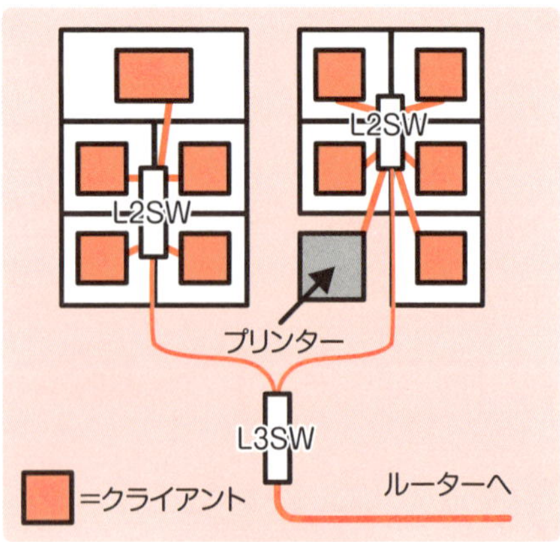

論理構成図

ネットワークがどういう構成になるかを描く

物理構成図

配線や機器などの配置を描く

この2種類を作るのが基本

小さなネットワークを作る必要性

小さなネットワークを作るメリットは、セキュリティの向上と管理のしやすさです。わざわざ小さなネットワークを作るのは手間がかかるように思えますが、1つの大きなネットワークにするよりも管理の手間がかからず、かつ安全です。

ネットワークのセキュリティ向上

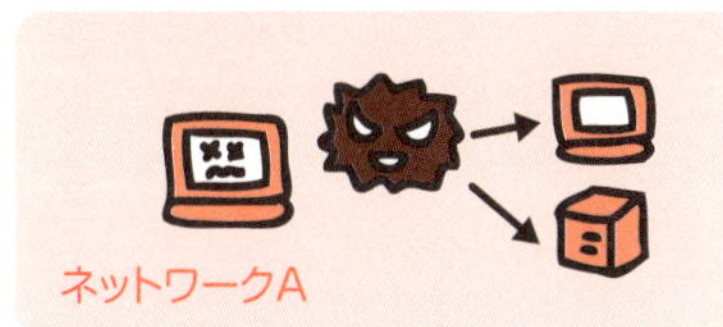

被害が全体に
及ばない

社内情報のセキュリティ向上

他部署のネットワーク
からは利用できない

部外秘の情報を部署ごとの
小さなネットワーク内で
共有できる

管理のしやすさ

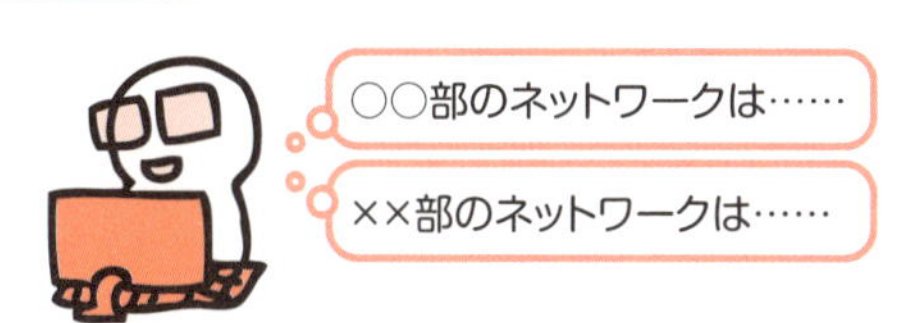

小さなネットワークごとに
設定すれば、構成がわかり
やすく、管理が楽になる

ネットワークの負荷を軽減

1つの大きなネットワークでは、ネットワークを流れる
データが多すぎて混み合ってしまう
ネットワーク機器にも負担がかかる

小さなネットワークにすれば
負荷は分散されるよ

VLANで小さなネットワークを作る

VLANは、OSI参照モデルのレイヤー2で小さなネットワークを作る仕組みです。最初のVはバーチャル（Virtual）で、「仮想の」という意味です。VLANに対応したスイッチングハブ（レイヤー2スイッチ）を使用します。

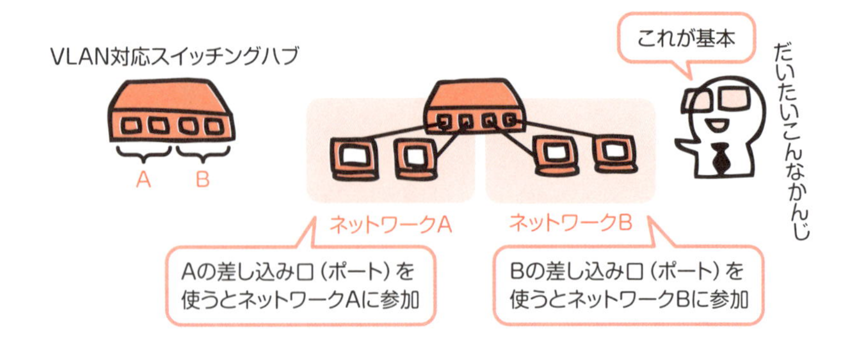

VLANに識別番号を付ける

VLANで小さなネットワークを作るときは、ネットワークごとにVLAN番号（VLAN ID）と呼ばれる識別番号を付けてそれぞれのネットワークを区別します。

ネットワーク	VLAN番号
営業部	10
経理部	20
社長室	30

ポートベースVLAN

VLAN対応スイッチングハブの、どの差し込み口（ポート）がどの小さなネットワーク用なのかを決めるやり方を「ポートベースVLAN」と呼びます。

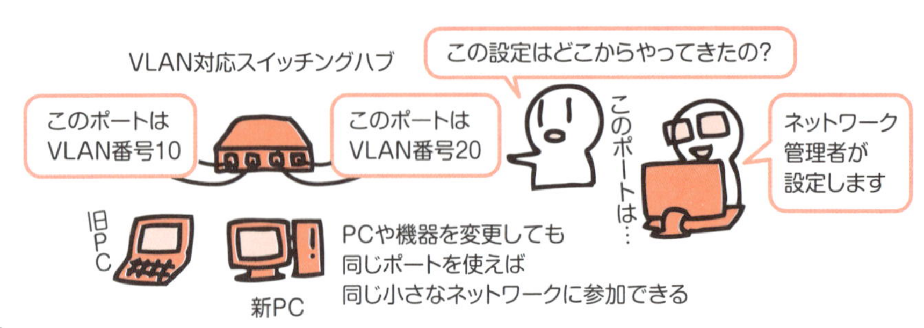

ダイナミック VLAN

ポートとネットワークの対応を決めてしまうポートベース VLAN に対して、どの差し込み口（ポート）を使っても決められた小さなネットワークに参加できるやり方を「ダイナミック VLAN」と呼びます。この方法では、PC や機器が、それぞれどの小さなネットワークに参加できるかを管理する仕組みが必要になります。

PCや機器を特定できる情報	参加できるVLAN
××××××××	10
△△△△△△△△	20
⋮	

MACアドレス、IPアドレスなど

ダイナミックVLANを管理するサーバー

上記サーバーの機能を内蔵したスイッチングハブ

会議室や商談ルームなどスイッチングハブに接続するPCが頻繁に変わる場所で使われる

レイヤー3 スイッチでほかのネットワークと接続

VLAN で小さなネットワークを作ると、同じ小さなネットワークに参加している PC や機器との間でしかデータをやりとりできません。これでは不便なので、レイヤー3 スイッチまたはルーターでほかのネットワークと接続します。

小さなネットワークごとにプライベートIPアドレスの範囲を割り当てる

小さなネットワークごとにそれぞれ違うネットワークアドレスを割り当てて、VLAN番号と対応させるのが一般的

7 LANで使われるネットワークサービス

企業ネットワークや家庭内ネットワークで使われている、代表的なネットワークサービスを紹介します。プリントサービスやファイル共有サービスのほか、ネットワークが動作するためのサービス、ネットワークを管理するサービスなどがあります。

ネットワークサービスの種類

ネットワークサービスには、ネットワークが動作するためのサービス、ネットワークを管理するサービス、セキュリティサービス、そして必要に応じてユーザーに提供するサービスがあります。いずれのサービスも、サービスを提供するサーバーとソフトウェアが必要になります。

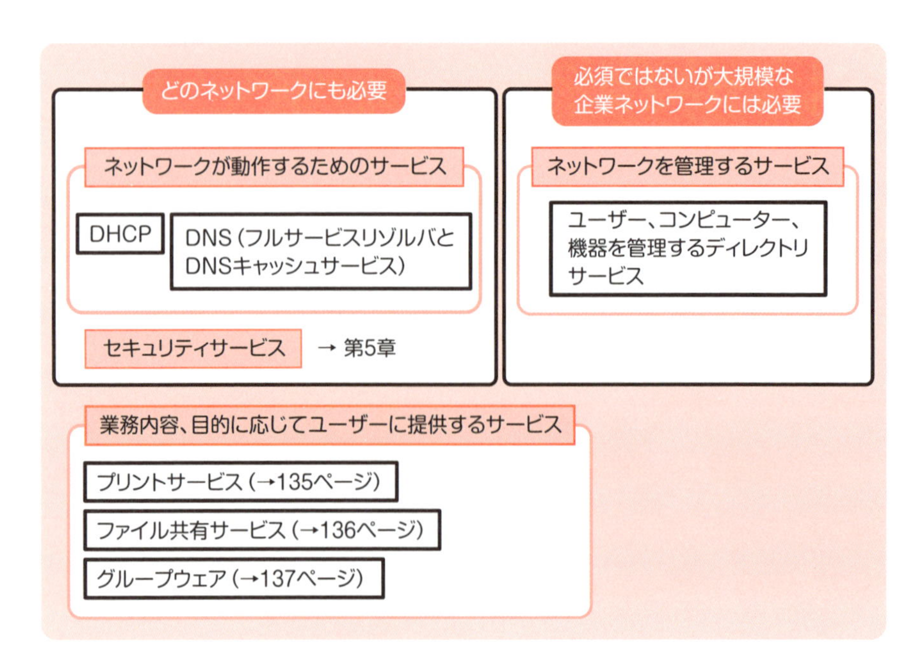

プリントサービス（業務内容、目的に応じてユーザーに提供するサービス）

プリントサービスは、プリンターを共有するサービスです。プリントサーバーを構築し、プリンターを接続します。プリントサーバーはクライアントからの要求に応えて、プリンターを管理します。

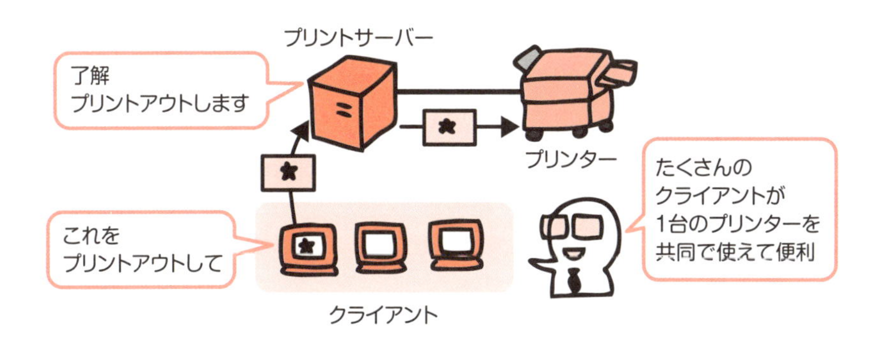

プリントサーバーとしての機能を備えたプリンターもあります。これにより、プリントサーバーを用意するスペースを節約できます。

PCに接続されたプリンターを共有する

1台のPCにプリンターを接続し、ほかのPCでもそのプリンターを使えるようにすることもできます。プリンターを接続しているPCが、プリントサーバーとしての役割を果たします。

ファイル共有サービス（業務内容、目的に応じてユーザーに提供するサービス）

ファイル共有サービスは、ネットワークに参加しているユーザーどうしでデータを共有するネットワークサービスです。ファイルサーバーを構築し、ファイルサーバーから、ハードディスクやSSDなどのデータを保存する装置（ストレージ）を管理します。多くの場合、ファイルサーバーとストレージは1つの機器としてまとめられています。

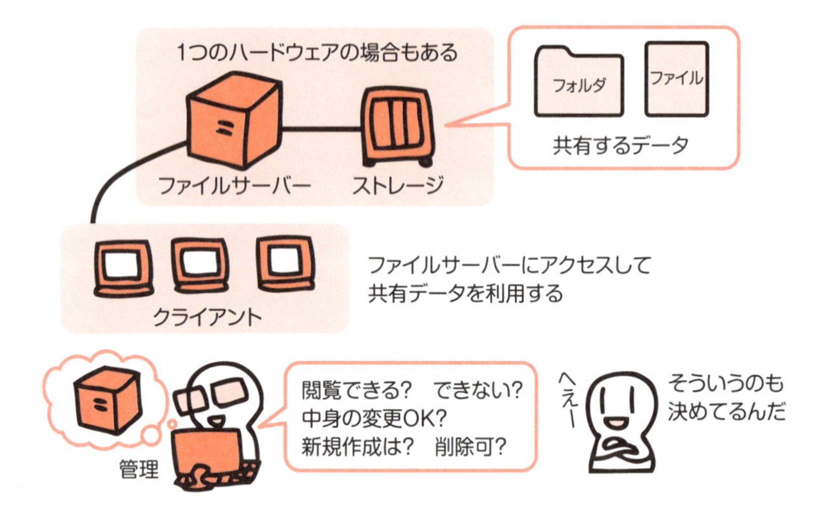

企業ネットワークではサーバーを用意する

サーバーを用意せず、PCに保存されたフォルダやファイルをほかのPCとの間で共有することもできます。ただし、利便性と安全性を考えると、企業ネットワークではサーバーを用意したほうがよいでしょう。

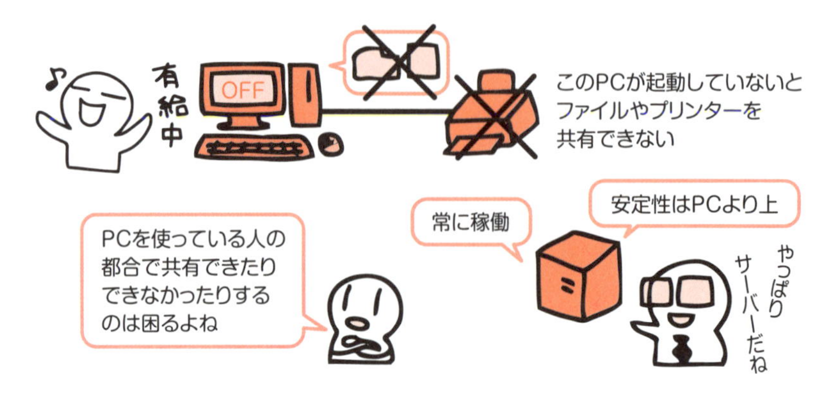

グループウェア（業務内容、目的に応じてユーザーに提供するサービス）

グループウェアとは、社内の情報共有を目的としたさまざまなネットワークサービスを提供するソフトウェアのことです。グループウェアのサーバーを用意し、クライアントはWebブラウザーを使うのが一般的です。

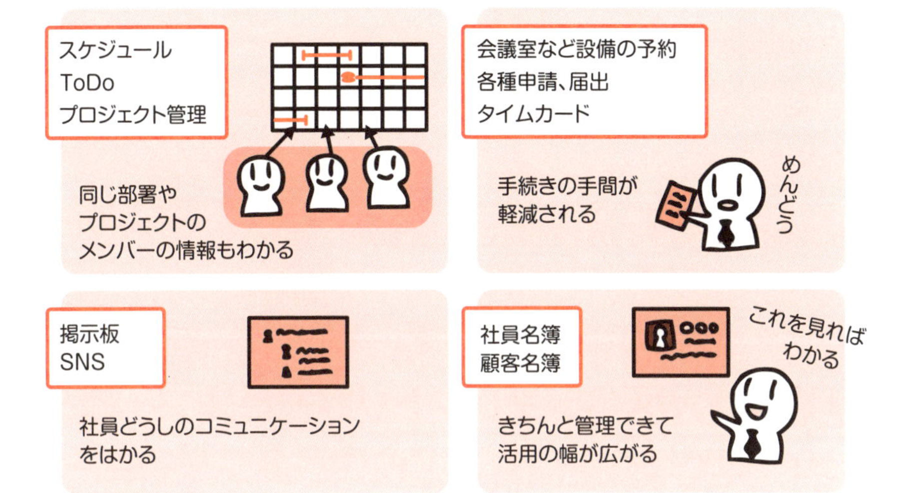

複数のサービスを連携させることでより便利に

グループウェアに登録した情報は、グループウェアが提供するさまざまなサービスの間で連携して活用されます。

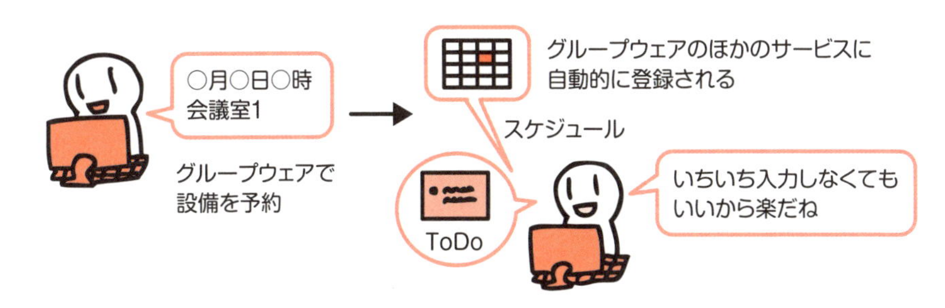

ディレクトリサービス（ネットワークを管理するサービス）

企業ネットワークでは、誰がどのサービス、どのデータ、どの機器を利用できるかを、ディレクトリサービスを使って管理しています。

社員ひとりひとりに
IDとパスワードを発行

部署や社員をグループ分けして
利用できるサービス、機器などを決める

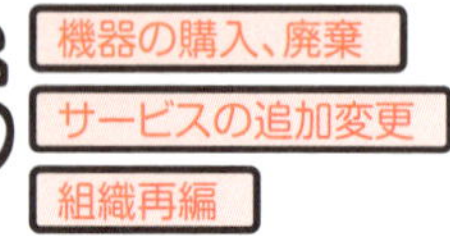

企業の規模が多いと管理は大変 ディレクトリサービスで管理

Windows のディレクトリサービス「Active Directory ドメインサービス」

クライアントとサーバーの OS に Windows を採用している企業ネットワークでは、マイクロソフト社が提供するディレクトリサービス「Active Directory ドメインサービス」がよく使われています。

Active Directory ドメインサービスは、サーバー用OS「Windows Server」の機能として提供されている

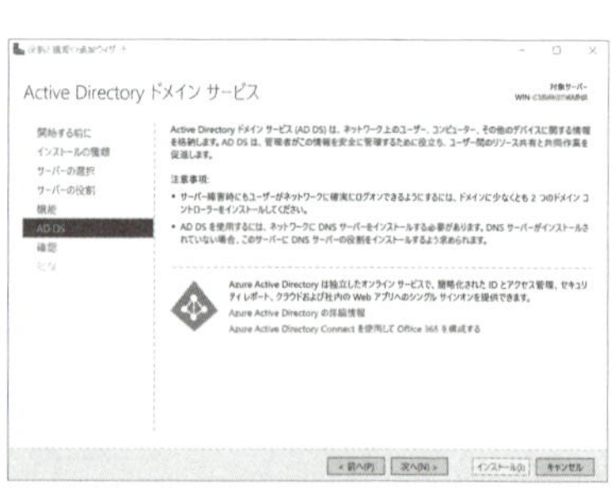

管理するサーバー
「ドメインコントローラ」

ユーザーや機器の情報を
「ドメイン」という単位で管理する

ユーザーやコンピューター、機器の
情報が入っているデータベース

インターネットで使われる
「ドメイン」とは別

ユーザーも作業が楽になる

ユーザーは、最初にActive Directoryドメインサービスの認証を行うことで、許可されている機器やサービスの利用を始められます。PCの設定もサーバー側で管理するので、ユーザーが設定する必要はありません。

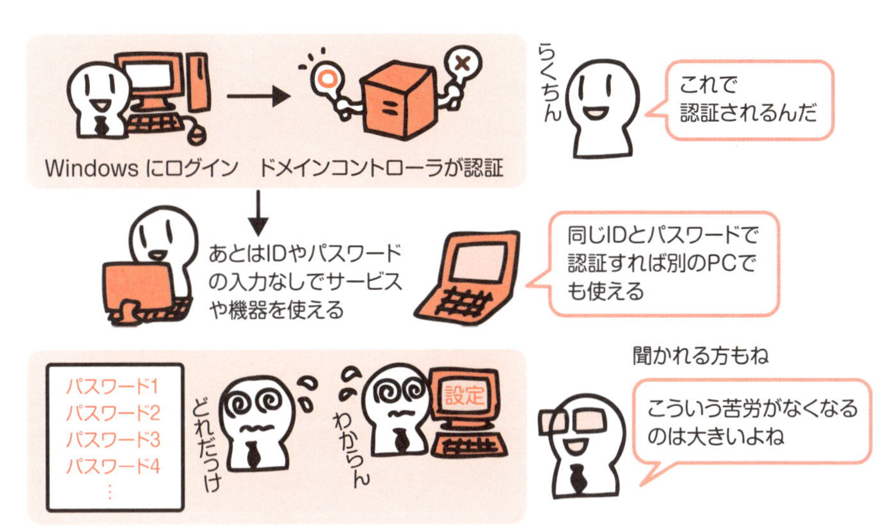

安定した運用のために監視ツールを活用

もしLANで使われているネットワークサービスが停止すると、業務に大きな支障が出ます。トラブルを未然に防ぎ、起きてしまってもすぐ対処して最小限の被害にとどめるために、監視ツールを活用し、サーバーやネットワークの状態を常に監視することも大切です。

ネットワークの状況を確認

サーバーを遠隔で操作、確認

問題なく動いているかチェック

ALERT

ネットワークに問題が発生したら自動的に知らせる

8 インターネットに公開するサーバーを構築する

インターネットに公開するサーバーを自社の建物内に設置する場合は、インターネット接続とはまた別の準備が必要です。多くのアクセスを受け入れることができる回線や、固定のグローバルIPアドレスを用意します。

外部からのアクセスを受け入れる環境を用意する

Webサーバーやメールサーバーなどインターネットに公開するサーバーを企業の建物内に設置する場合、インターネットを利用する環境とは別に、公開するサーバー用の環境を整える必要があります。

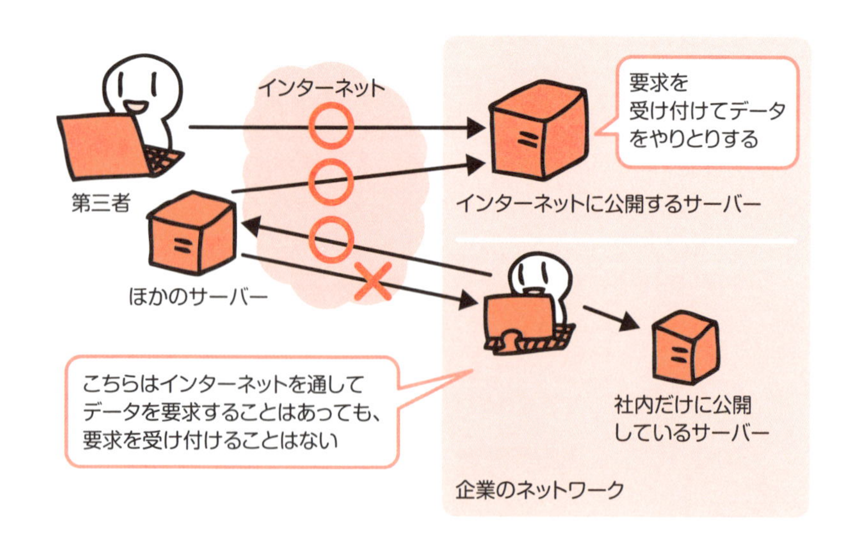

多くのアクセスを受け入れることができる回線を用意する

インターネットに公開するサーバーを設置するにあたっては、多くのユーザーやほかのサーバーとの間でデータをやりとりできる、高速で安定した回線が必要です。

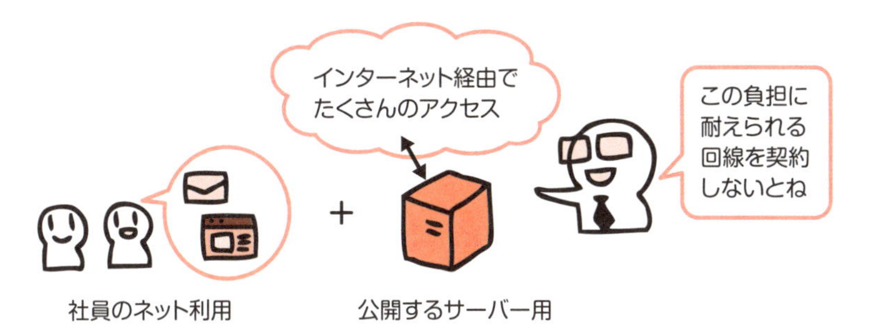

ISPの「固定IP」サービスを利用する

インターネットに公開するサーバーには、常に同じグローバルIPアドレスを付ける必要があります。ISPが提供する、決まったグローバルIPアドレスを貸し出す固定IPサービスを利用しましょう。

①固定IPの契約をして
グローバルIPアドレスを借りる

②ドメイン名を取得して、サーバーの
ドメイン名を決める（→78ページ）

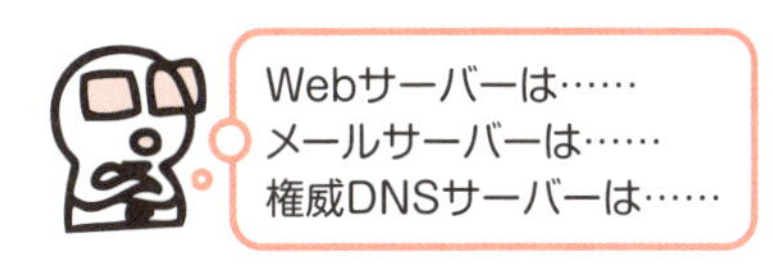

③サーバーにグローバルIPアドレス
を付ける

④権威DNSサーバーに、サーバーの
ドメイン名とグローバルIPアドレスの
情報を登録する（→81ページ）

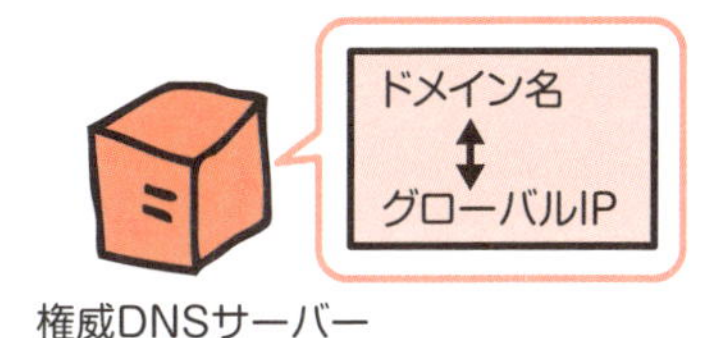

権威DNSサーバー

1 ネットワークって何だろう？
2 データを相手に届けるための技術
3 データを活用するための技術
4 ネットワークを導入する
5 ネットワークのセキュリティ

専任のサーバー管理者が担当するべき

インターネットに公開するサーバーは、インターネットを通して攻撃される危険性があります。常時安定した運用も求められますので、十分なスキルを持つ技術者が管理者として担当するべきです。

サーバー室も必要

サーバーは、サーバー室に設置します。小規模のネットワーク内だけで使うサーバーの場合、サーバー室を設けないケースもありますが、インターネットに公開するサーバーを設置するならサーバー室は必要です。

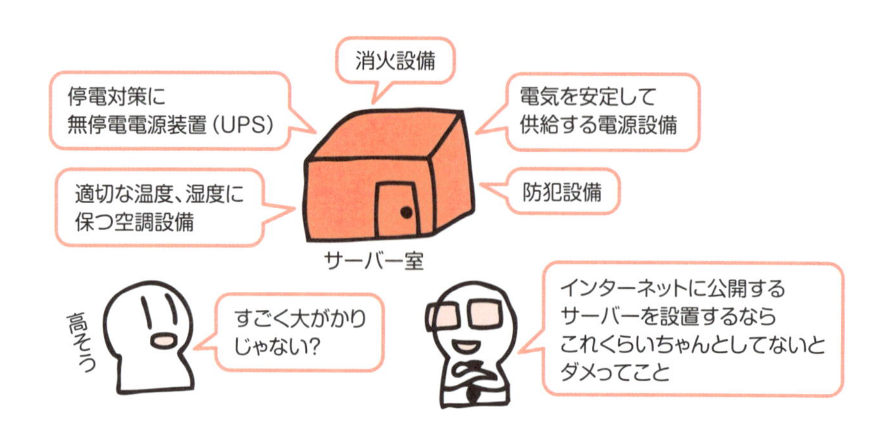

インターネットに公開するサーバーを専門の事業者に任せる

インターネットに公開するサーバーを自社で構築、運用するのは負担が大きいので、専門の事業者に任せるケースも多く見られます。

データ室を設置する代わりに、専門の事業者が運営するデータセンターにサーバーを預けることを「ハウジング」と呼びます。データセンターとは、回線、電源、空調などの設備が揃った、サーバーを設置するための建物です。

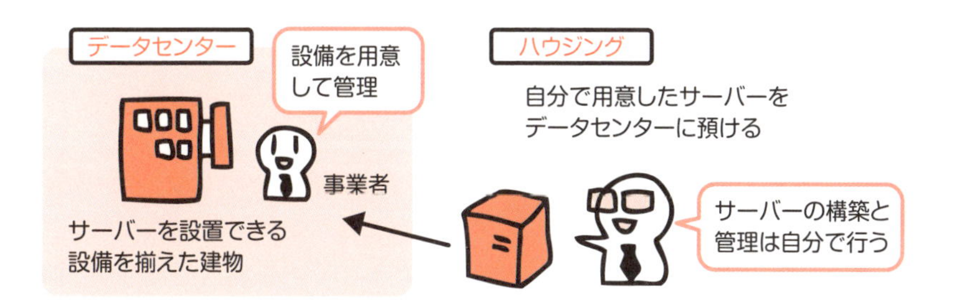

「レンタルサーバー」または「ホスティング」は、データセンターに設置されているサーバーを借りることです。Web サーバーとメールサーバーをセットでレンタルするのが一般的です。

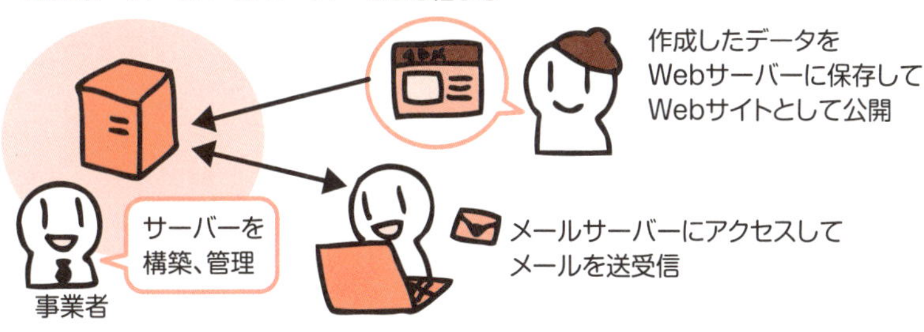

ドメイン名を取得して（→ 78 ページ）Web サイトを公開する場合は、そのドメイン名の情報を提供する権威 DNS サーバー（→ 81 ページ）を用意する必要があります。自前で構築、運用せずに、ドメイン名の取得、管理を代行する事業者が運用している権威 DNS サーバーを借りるケースも多く見られます。

9 LANとLANを結んでWANを作る

本社のLANと支社のLANを結ぶなど、LANどうしを結んでWANを作る場合には、データを安全にやりとりするための仕組みを導入する必要があります。

LANどうしを結ぶ方法

本社と支社間など、LANどうしを結んでWANを作る場合は、安全にデータをやりとりできるように通常のインターネット接続とは別の方法をとります。LANどうしを安全に結ぶ方法として、以下のようなものがあります。

①専用線を利用する

②回線事業者が提供するネットワークを利用する

③インターネット回線で仮想的なネットワークを利用する

2カ所を結ぶ専用線はコストが高い

専用線を使う方法では、LANがある場所の2カ所を専用の回線で結びます。契約した企業のみがその回線を使うため、安全に、安定したデータのやりとりができます。しかしコストが高いことから、新規で専用線を契約する企業は少なくなっています。

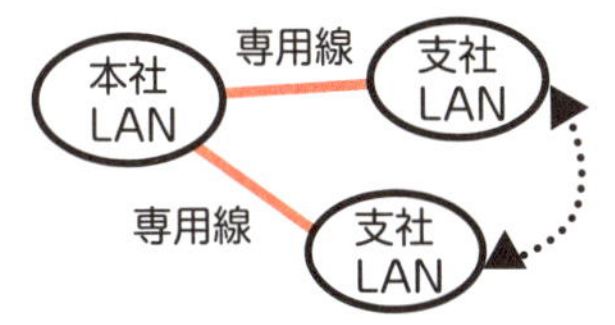

専用線でつながっていないLANどうしは
直接データをやりとりすることはできない

回線事業者のネットワークを利用する

回線事業者が所有するネットワークを使い、LANどうしでデータをやりとりする方法もあります。「IP-VPN」や「広域イーサネット」と呼ばれるものです。専用線よりコストが安く、広く普及しています。回線事業者のネットワークは、インターネットで採用されているプロトコルを採用しているケースもありますが、インターネットとは切り離された、別のネットワークです。そのため、LANの中だけで扱いたい社外秘のデータも安心してやりとりできます。

回線事業者のネットワークを介して、それぞれのLANとの間でデータをやりとりできる

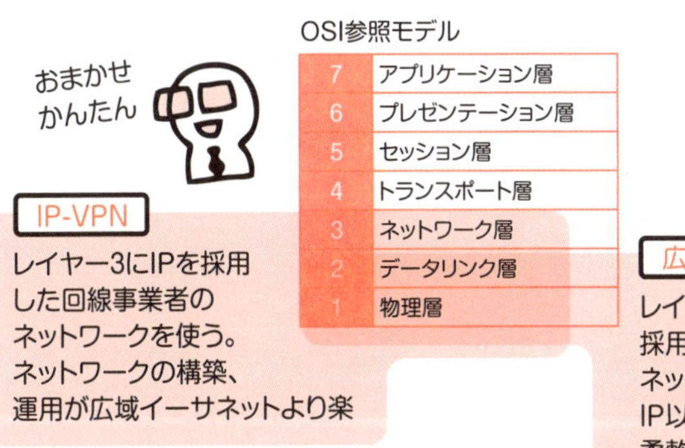

	OSI参照モデル
7	アプリケーション層
6	プレゼンテーション層
5	セッション層
4	トランスポート層
3	ネットワーク層
2	データリンク層
1	物理層

広域イーサネット
レイヤー2にイーサネットを
採用した回線事業者の
ネットワークを使う。
IP以外のプロトコルも使えて
柔軟なネットワークの設計ができる

コストが安いインターネットVPN

回線事業者のネットワークではなく、インターネットを使って仮想的にWANを構築する、インターネットVPNという方法もあります。インターネット利用のための接続環境をWANにも使えるため、コストがかからないのがメリットです。とはいえ、不特定多数のユーザーが利用するインターネットを使ってデータをやりとりするのは不安が残ります。

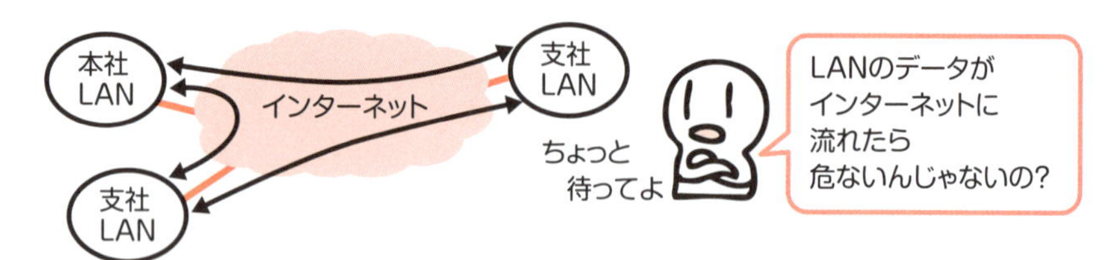

インターネットを介して、それぞれのLANとの間でデータをやりとりできる

共有のネットワークをLANのように使うVPN

インターネットをWANの構築に使う場合、ネットワーク内に仮想的なネットワークを作るVPN（Virtual Private Network）という仕組みを使います。このVPNのしくみによって、インターネットを通して安全にデータをやりとりすることができます。

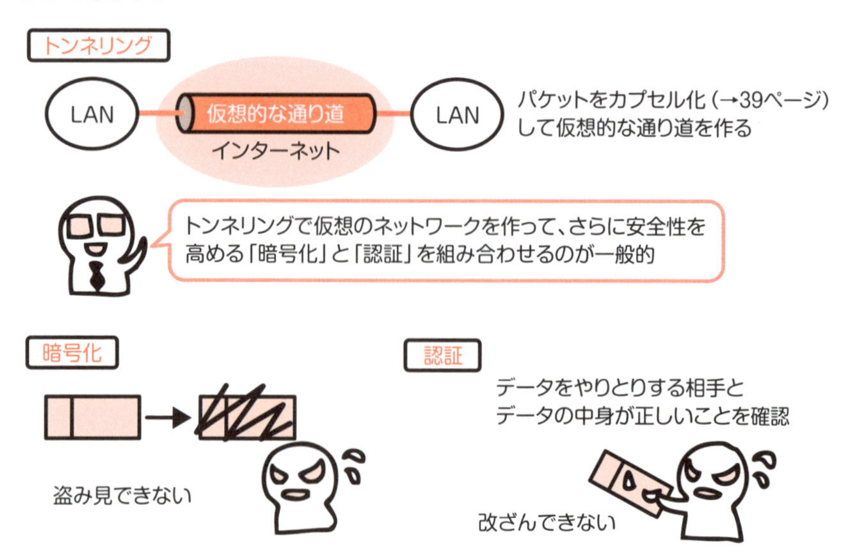

さまざまな VPN のプロトコル

VPN を作るときに採用するプロトコルには、「IPSec」「L2TP」「PPTP」などがあります。

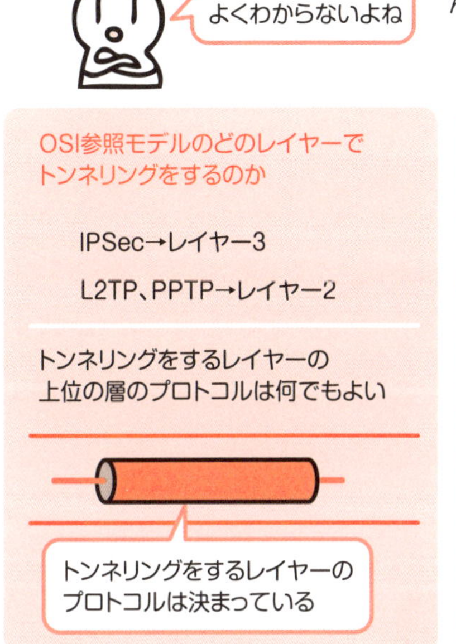

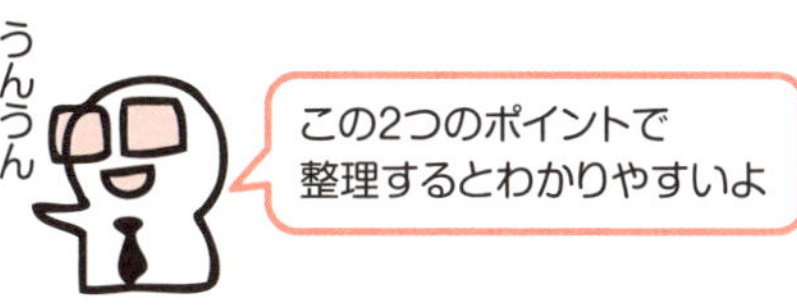

トンネリング、暗号化、認証のどれを
担当しているか

IPSec、PPTP→3つとも担当

L2TP→トンネリングと認証を担当

ということは、暗号化のために
別のプロトコルが必要

VPN サーバーを用意する

インターネット VPN で WAN を構築するには、トンネリング、暗号化、認証を担当する VPN サーバーをゲートウェイに設置する必要があります。VPN サーバーの機能を持ったルーターを使うケースも多く見られます。

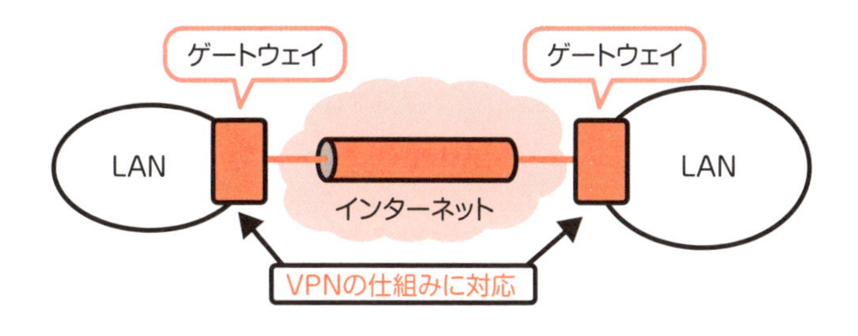

10 無線LANを導入する

無線LANはモバイル環境や家庭のネット環境で広く使われていますが、オフィスで無線LANを導入するケースも増えています。無線LAN導入時に必要な、基本的な知識を整理しておきましょう。なお、無線LANのセキュリティについては第5章で解説を行います。

アクセスポイント（AP）を設置する

無線LANでは、ケーブルの代わりに電波を使ってデータをやりとりします。ケーブル接続のLANにアクセスポイント（AP）という機器を接続し、無線LAN対応のPCやスマートフォンとの間でデータをやりとりします。

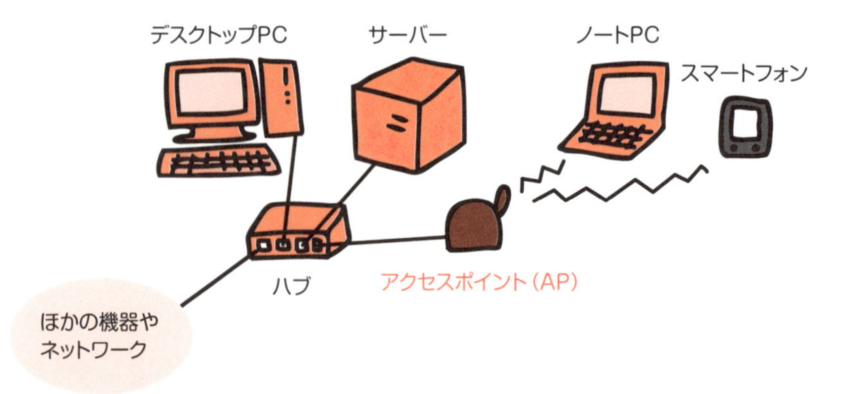

ルーターにアクセスポイントの
機能を追加した無線LANルーターも
広く普及しています

「IEEE 802.11」の末尾のアルファベットに注目

無線 LAN の規格（プロトコル）「IEEE 802.11」（→ 73 ページ）には、いくつかの種類があり、末尾にアルファベットを付けて区別しています。

規格名	周波数帯	最大通信速度
IEEE 802.11a	5GHz	54Mbps
IEEE 802.11b	2.4GHz	11Mbps
IEEE 802.11g	2.4GHz	54Mbps
IEEE 802.11n	2.4GHz、5GHz	600Mbps
IEEE 802.11ac	5GHz	6.9Gbps

無線 LAN の周波数帯は 2.4GHz 帯と 5GHz 帯

現在使われている IEEE 802.11 には、電波の周波数帯として 2.4GHz 帯を使うものと 5GHz 帯を使うものがあります。それぞれにメリットとデメリットがあるため、環境に応じて使い分ける必要があります。

2.4GHz帯

○ 電波が届く距離は5GHz帯より長い

× 同じ周波数帯を使う家電が多く影響を受けやすい

5GHz帯

○ 家電などの影響を受けづらく安定したデータのやりとりができる

× 壁などの障害物の影響を受けやすい

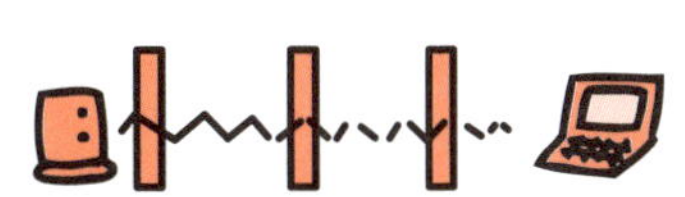

1 ネットワークって何だろう?
2 データを相手に届けるための技術
3 データを活用するための技術
4 ネットワークを導入する
5 ネットワークのセキュリティ

無線 LAN のチャネル（チャンネル）

近くに同じ規格の無線 LAN があると電波の干渉が起こり、データのやりとりがうまくできません。そうならないように IEEE 802.11 では複数の周波数帯に分ける「チャネル」（チャンネル）という仕組みを採用しています。

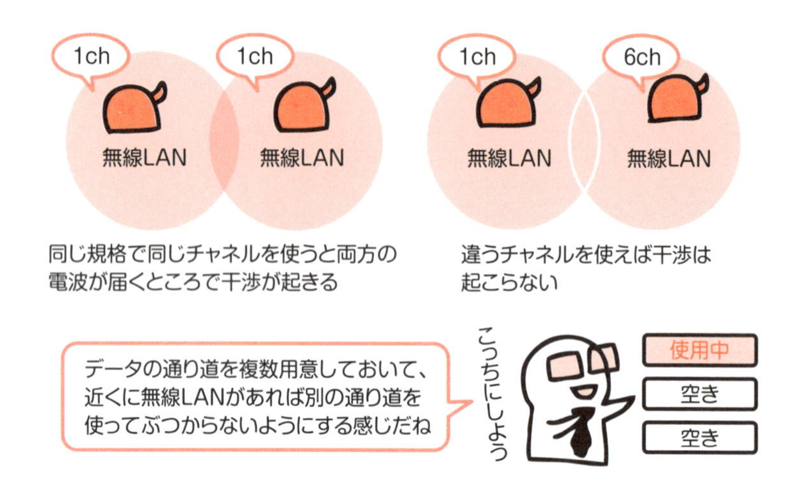

無線 LAN のチャネルを選ぶ

チャネルの数は、5GHz 帯は 19 あります。2.4GHz 帯は 13 ありますが、使用する周波数帯はチャネルごとに独立しているのではなく、5MHz ずつずれていきます。例えば 1ch は 2401MHz から 2423MHz、2ch は 5MHz ずつずれて 2406MHz から 2428MHz を使います。つまり、違うチャネルでも一部同じ周波数帯を使うことになり干渉してしまいます。そのため、周波数帯が重ならないよう離れたチャネル（1ch、6ch、11ch など）を選びます。

アクセスポイントや無線LAN
ルーターの設定画面で
チャネルを選ぶ

周りで使っていないチャネルを
自動的に選ぶ機能が付いている
無線LAN機器もある

無線LANの設定

無線LANを導入する際の流れを見てみましょう。アクセスポイントや無線LANルーターの「親機」と、PC、スマートフォン、無線LANアダプタなどの「子機」の両方を設定します。

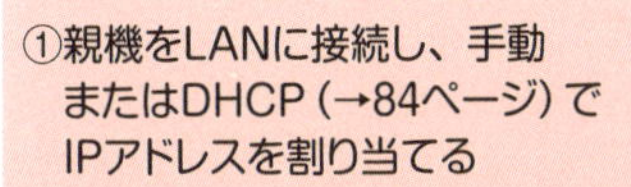

①親機をLANに接続し、手動またはDHCP（→84ページ）でIPアドレスを割り当てる

アクセスポイント　無線LANルーター

②親機の設定ツールにアクセスする

同じLANに接続しているPCのWebブラウザーで、親機のIPアドレスを指定するか、親機付属の設定ソフトをインストールして利用する

③親機を設定する

- IEEE 802.11のどの規格を使うか
- チャネル
- SSID（親機の識別子、名前）
- セキュリティ方式（→175ページ）
- 子機が親機に接続するときに使うパスワード　など

子機が対応している規格や方式を選ぼう

④子機を設定する

①～③で無線LANを使える状態にしてから、
- ③で設定したSSIDを選ぶ
- ③で設定したパスワードを入力する
- ③で設定したセキュリティ方式を選ぶ

docomo LTE 4:41 100%
設定 Wi-Fi
Wi-Fi
ネットワークを選択…
Office-AP
その他…

設定したSSIDが表示される

COLUMN

「システム構築」って何？

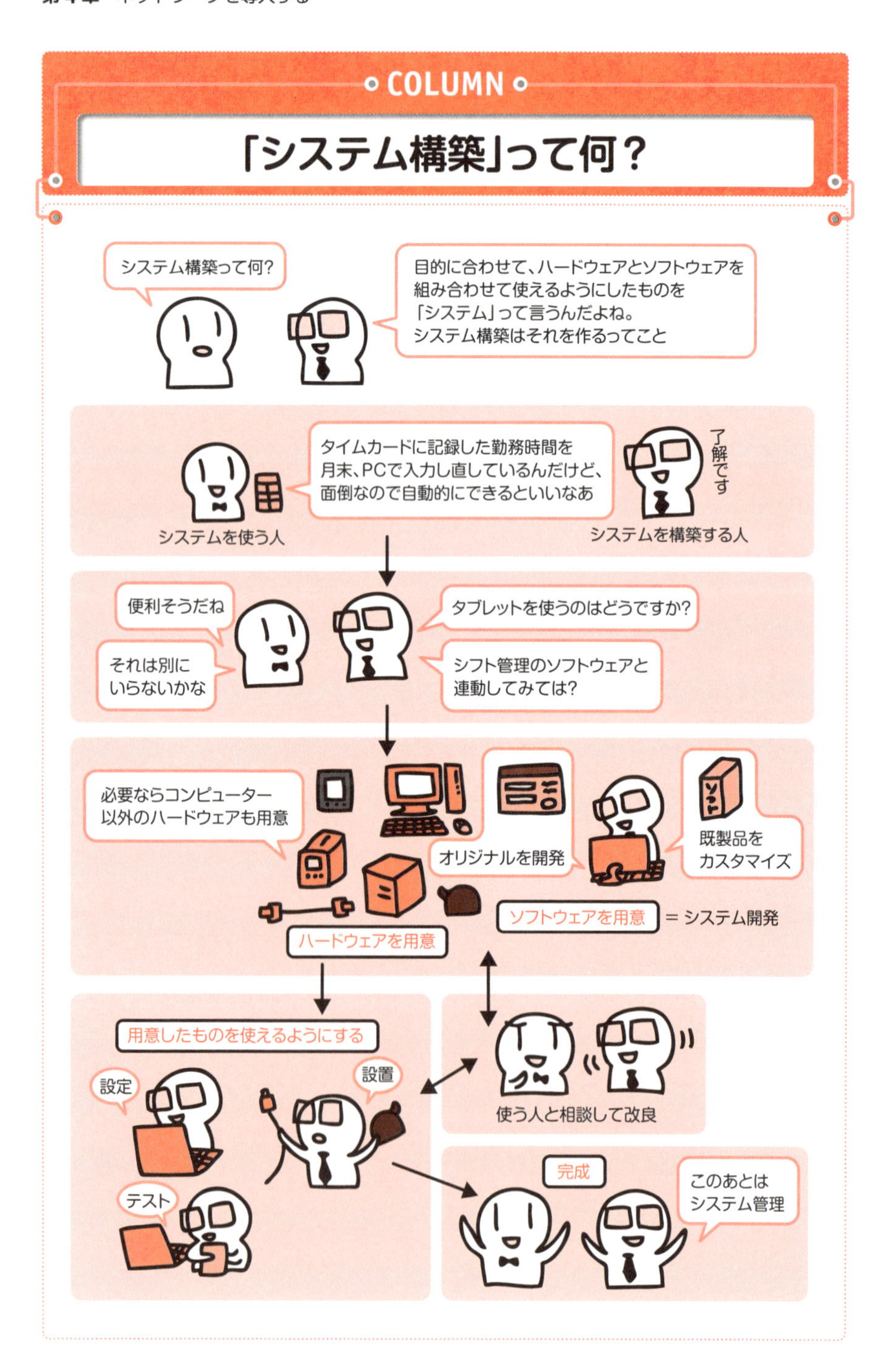

第5章 ネットワークのセキュリティ

この章では、ネットワークを構築し運用する立場から、セキュリティ対策について考えてみましょう。コンピューターウイルス（マルウェア）対策でも、PCやスマートフォンはもちろん、サーバーやゲートウェイでの対策も行わなければなりません。社内のルールを決めたり、他の社員に指導する立場にもなりますね。

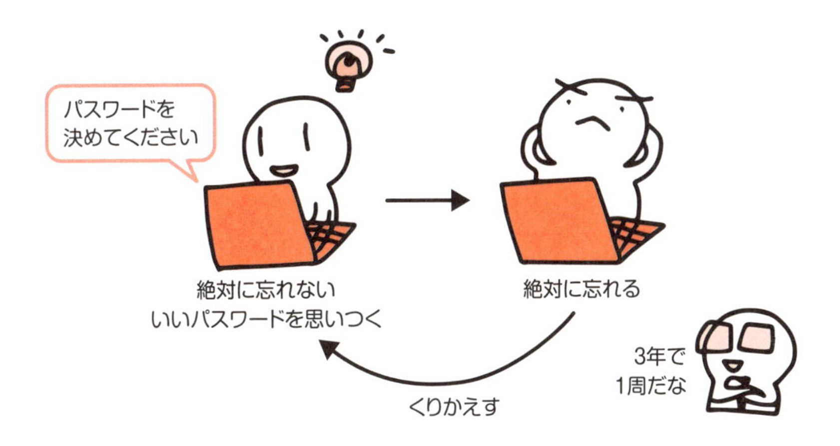

1 ネットワークのセキュリティを知ろう

ネットワークを利用する上での危険性について、具体的にどのようなものがあるのかを知り、個々の対策を考える前に整理しておきましょう。

セキュリティの正しい知識を持って賢くネットワークを利用する

ネットワーク、特にインターネットを利用するときは、必ずセキュリティ対策を講じる必要があります。ただし、むやみやたらと恐れる必要はありません。ネットワークの何が危険なのかを知って、ネットワークを賢く利用しましょう。

例外はありません

何でもできるわけではありません

「ネットワークは怖い」というイメージを悪用した詐欺や嫌がらせもある

ネットワークの外と内、両方の対策を

ネットワークのセキュリティには、ネットワークの外側からやってくる攻撃を防ぐ対策と、ネットワークの内側からデータが漏れることを防ぐ対策の 2 つがあります。

外側からの攻撃

不正アクセス（不正侵入）

データを盗む、破壊する、書き換える
ほかのネットワークを攻撃する「踏み台」として悪用する

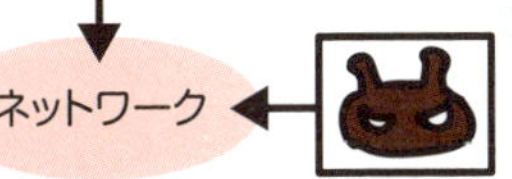

コンピューターウイルス（マルウェア）

ネットワーク障害、データ漏洩などを引き起こす
不正アクセスの足がかりとしても使われる

内側からの漏洩

顧客情報などを持ち出す

社外秘の情報をSNSで公開

会社から掲示板に悪口を書き込む

ユーザーの不適切なネットワーク利用

心理的な手口やネットワークを使わない手口にも注意

「ネットワークの危険」と聞くと、ネットワークやコンピューターの技術を駆使した攻撃というイメージを持つかもしれません。しかし、電話でパスワードを聞き出す、紙のメモ書きを盗み見るといった手口も多く見られます。

2 コンピューターウイルス（マルウェア）とは

コンピューターウイルスは、ネットワークの外側からやってくる危険としてよく知られています。ほかの攻撃の糸口として使われることも多く、注意が必要です。

コンピューターウイルスはマルウェアの一種

　コンピューターなどに悪さをする、悪意のあるプログラムのことを「マルウェア」と呼びます。マルウェアのうち「増殖する」「単体では存在しない」という特徴を持ったものを、コンピューターウイルスと呼びます。

マルウェア

コンピューターウイルス

ただし、コンピューターウイルス＝マルウェアという意味になっちゃっているのが現状

コンピューターウイルスに感染しているファイル

ほかのファイルに感染して増殖する

便利で楽しいデータを装う「トロイの木馬」

「トロイの木馬」は、「便利なアプリ」「無料動画」「先日の会議の議事録」などとユーザーの興味を引くデータを装い、侵入するマルウェアの一種です。単独のファイルとして存在し、増殖することはありません。

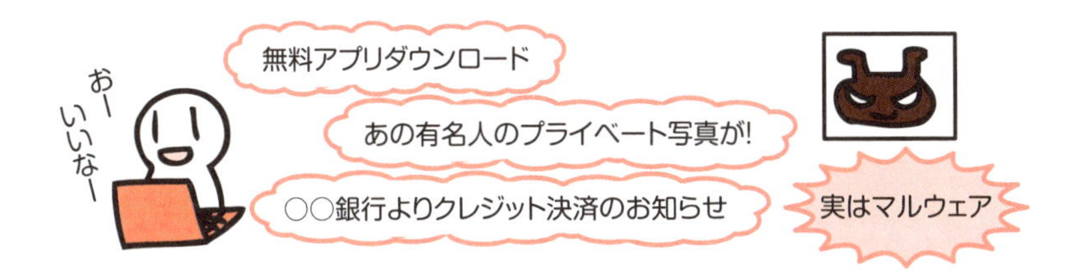

単独で増殖する「ワーム」

「ワーム」は単独のファイルとして存在し、増殖するマルウェアの一種です。ネットワークを介して、ほかのコンピューターやネットワークにも増殖していきます。

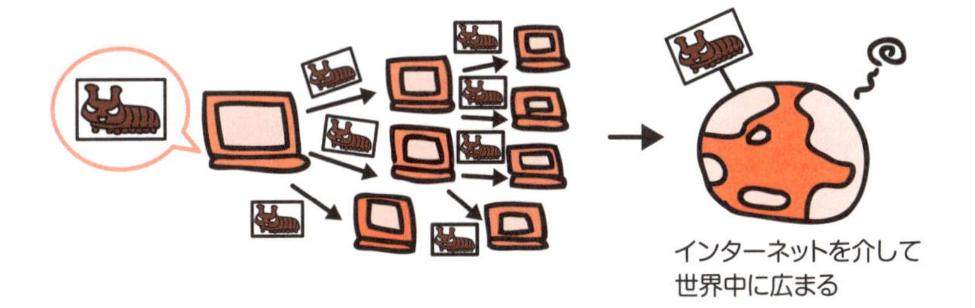

ユーザーが何もしなくてもマルウェアは活動を始める

ダウンロード、インストール、ファイルを開けるなど、人間が意識して作業を行っていなくても、マルウェアの被害に遭う危険性があります。

マルウェアの目的

マルウェアを作成し、配布する主な目的は金銭です。「金になる」情報を盗むための１つの手段として使われています。そのほか、ネットワークに被害を与えることや、いたずらを目的としたマルウェアもあります。

標的型攻撃に注意

不特定多数の人々に同じ方法で攻撃するのではなく、狙う相手を定めて、その相手に特化した攻撃を仕掛ける「標的型攻撃」の被害が増えています。

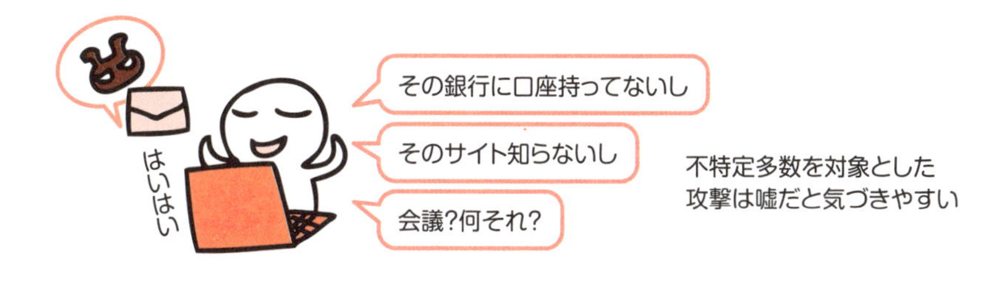

マルウェアを使った標的型攻撃

攻撃対象を下調べ

業務内容
社員や取引先の情報
ネットワークの構成　など

攻撃対象にマルウェアを添付したメールを送る

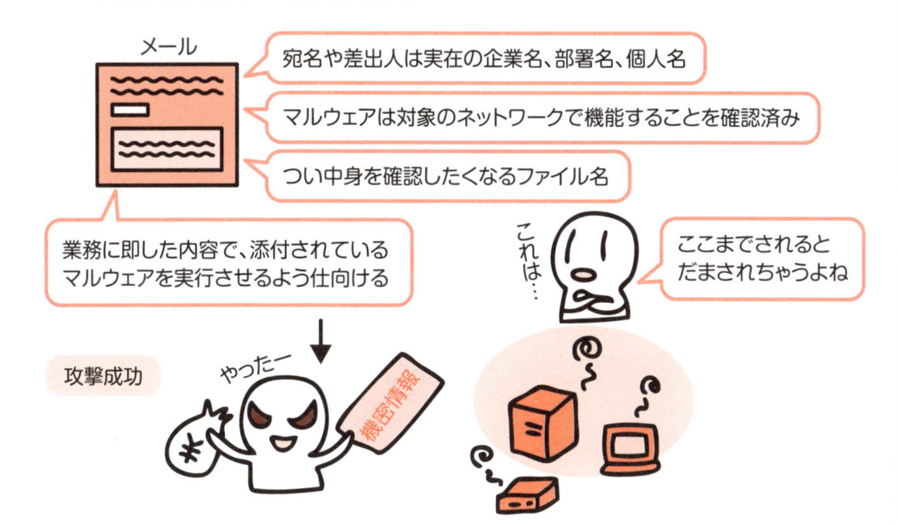

3 許可なくネットワークを利用する不正侵入

許可なくネットワークを利用することを、不正侵入（不正アクセス）と呼びます。他人のIDとパスワードを使ってSNSなどにアクセスするのも、不正侵入です。

使う権利のないものを勝手に利用する

不正侵入（不正アクセス）とは、正規のユーザーではない人間が勝手にネットワークに入り込むことです。他人の家に勝手に侵入するのと同様に、他人のネットワークに勝手に侵入します。

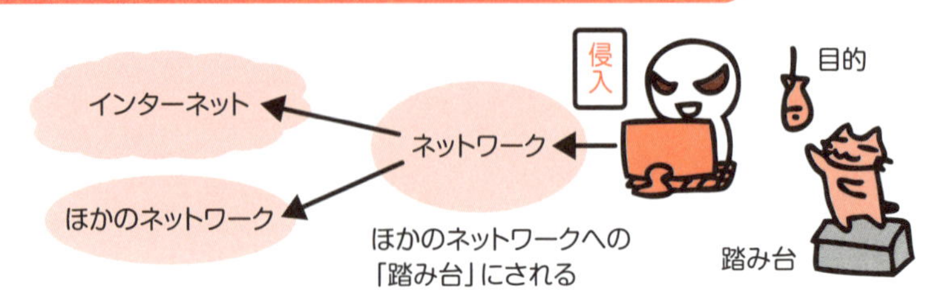

不正侵入の方法

ネットワークに不正侵入する方法は、大きく分けて2つあります。

1つは、ネットワークに参加しているコンピューターや機器のセキュリティ上の弱点をつく方法です。

不正侵入のもう1つの方法は、IDとパスワード、認証用のカードなどを盗んで使用することです。

ネットワークとユーザーの管理を適切に

ファイアウォール(→164ページ)を導入することで、不正侵入を試みる怪しいデータをゲートウェイで止めることができます。ただ、ファイアウォールがあれば万全というわけではありません。脆弱性を修正する(→185ページ)、不要なソフトウェアを標準設定のままでインストールして放置しない、といった管理の基本をきちんと行うことが大切です。使用していないユーザーIDは無効化する、パスワードを定期的に変更するなど、ユーザーの管理も適切に行いましょう。

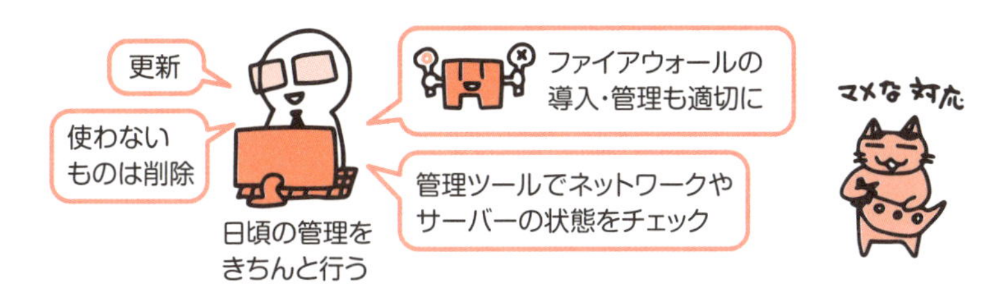

ネットワーク内からの情報漏洩

ネットワークの危険は、「外からの攻撃」だけではありません。正規のユーザーが機密データなどを外に持ち出してしまう「内からの漏洩」もあります。

正規のユーザーがデータを持ち出す

正規の ID やパスワードを持ち、ネットワーク内のデータを利用することができる正規のユーザーが、本来持ち出してはいけないデータを持ち出すケースもあります。

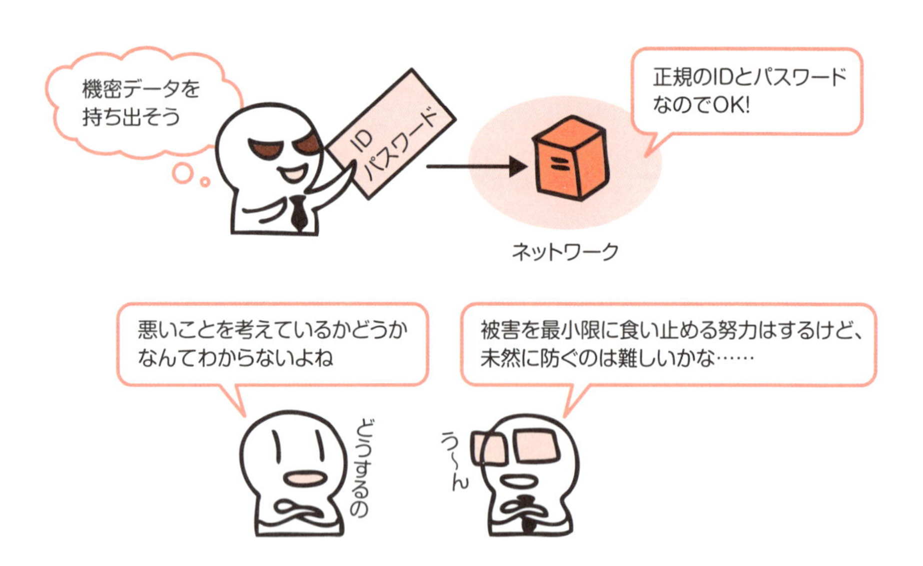

データを意図的に持ち出す

データの持ち出しには、金銭目的や嫌がらせなど目的があって行う、意図的なものがあります。

データを悪気なく持ち出す

自宅で仕事をしようとしてデータを持ち出すなど、本人に情報を漏らす意図がない場合もあります。PC や USB メモリなどが盗難に遭い、初めて問題となるケースも多く見られます。

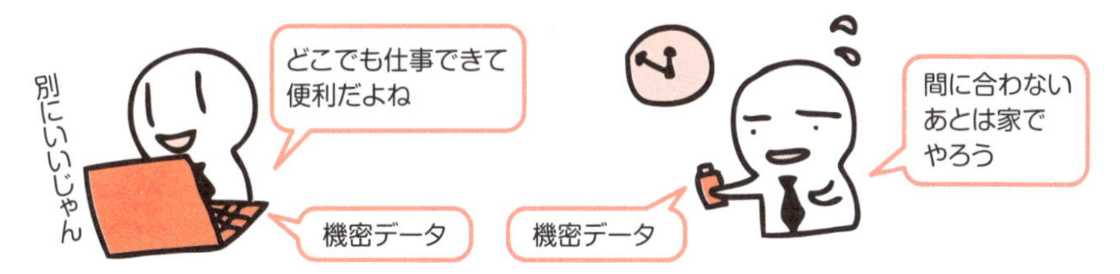

万が一に備えてアクセスログを取得しておく

「誰が」「どこで」「いつ」「どのファイルに」「何をしたか」（コピー、削除、変更など）といった操作の記録をアクセスログと呼びます。情報が漏洩した場合に備えてアクセスログを取得、管理しておくことが重要です。サーバー用の Windows OS「Windows Server」には、アクセスログを管理する機能が標準で備わっています。ファイルサーバー(→ 136 ページ) 用のアクセスログ取得・管理ソフトもあります。

また、アクセスログは不正侵入による外部からのアクセスの記録も取得できます。企業ネットワークのセキュリティ対策として導入するのが基本です。

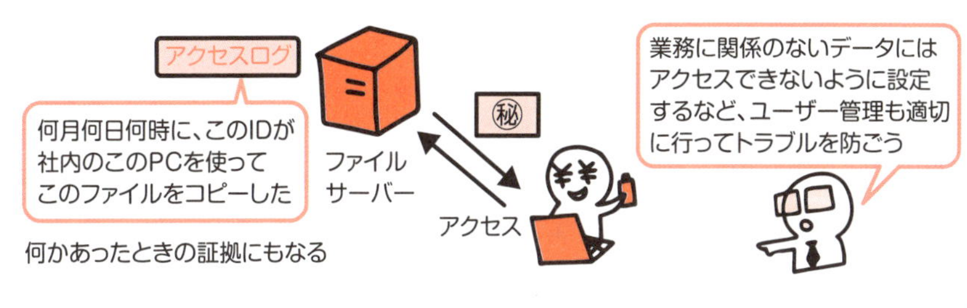

5 ファイアウォールでネットワークを守る

ネットワークの出入口であるゲートウェイを行き来するデータを監視して危険なデータを排除すれば、ネットワークを安全に守ることができます。

ゲートウェイにセキュリティ機能を持たせたファイアウォール

ほかのネットワークとの出入口であるゲートウェイに、危険なデータかどうかを判断して処理するセキュリティ機能を持たせたものを「ファイアウォール」と呼びます。ファイアウォールは不正侵入（→ 160 ページ）対策の基本です。インターネットに接続しているLANには、必ずファイアウォールを設置します。マルウェア（→ 156 ページ）対策の機能を持ったファイアウォールを設置している企業ネットワークもよく見られます。

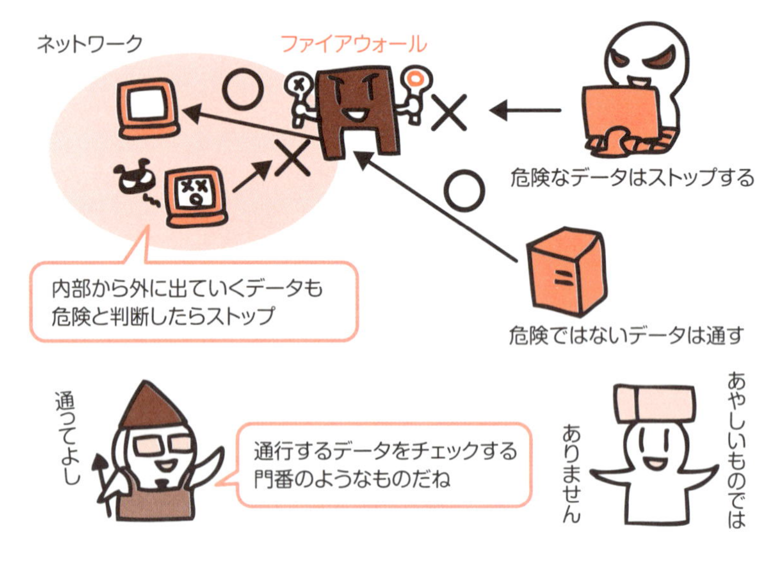

ファイアウォールの種類

　ファイアウォールは、OSI 参照モデルのどのレイヤーまでチェックするかによって、「パケットフィルタリング」「サーキットレベルゲートウェイ」「アプリケーションレベルゲートウェイ」の 3 種類に分けられます。

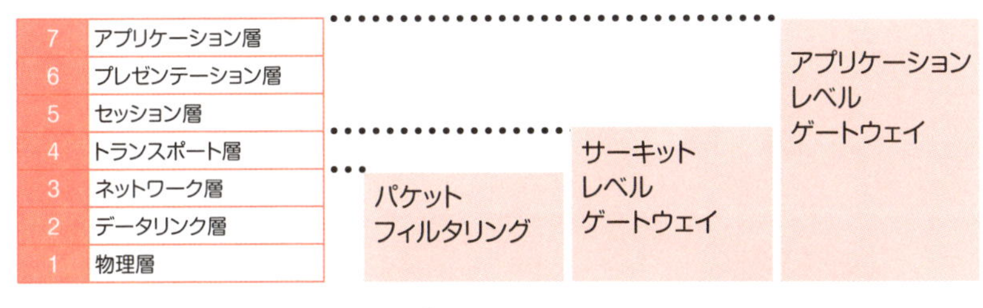

　アプリケーションレベルゲートウェイはプロキシサーバー（→ 168 ページ）とも言います。ただ、アプリケーションレベルゲートウェイではないプロキシサーバーも存在します。

ファイアウォールを導入する

ゲートウェイをファイアウォールとして機能させるには、ファイアウォール用のソフトウェアを導入します。あらかじめ機器にファイアウォール用のソフトウェアが組み込まれているものもあります。なお、多くの家庭用のルーターには、パケットフィルタリングのソフトウェアが組み込まれています。

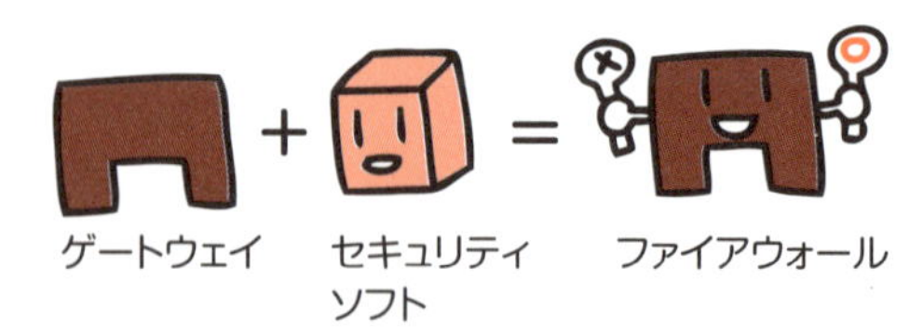

アプリケーションレベルゲートウェイでコンテンツフィルタリング

データの中身までチェックできるアプリケーションレベルゲートウェイは、データの内容が適切かどうかをチェックして、データを通したり止めたりすることができます。これをコンテンツフィルタリングと呼びます。ゲートウェイに導入するタイプのセキュリティ対策ソフトも、コンテンツフィルタリングの一種と言えます。

パーソナルファイアウォールでPCを守る

通してよいデータ／危険なデータを判断して、危険なら止めるという機能を持ったPC用のセキュリティ対策ソフトを「パーソナルファイアウォール」と呼びます。OSのセキュリティ機能の1つとしても提供されています。

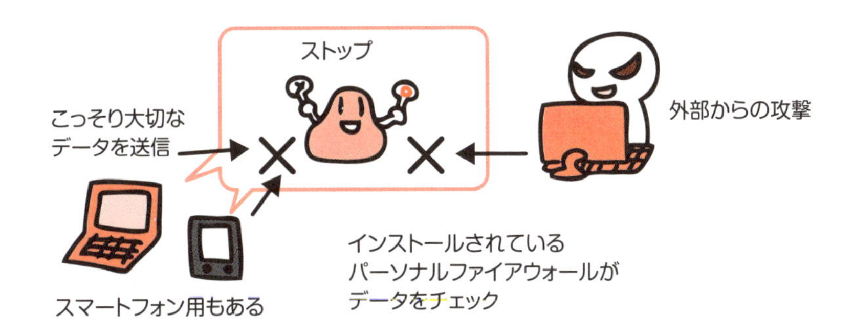

インターネットに公開するサーバーがあるならDMZを設置する

Webサーバーやメールサーバーなど、インターネットに公開するサーバーを設置する場合は、DMZ（DeMilitarized Zone）という、社内ネットワークから隔離されたセキュリティ上のエリアを設けます。インターネットに公開するサーバーは、このDMZの中に設置します。

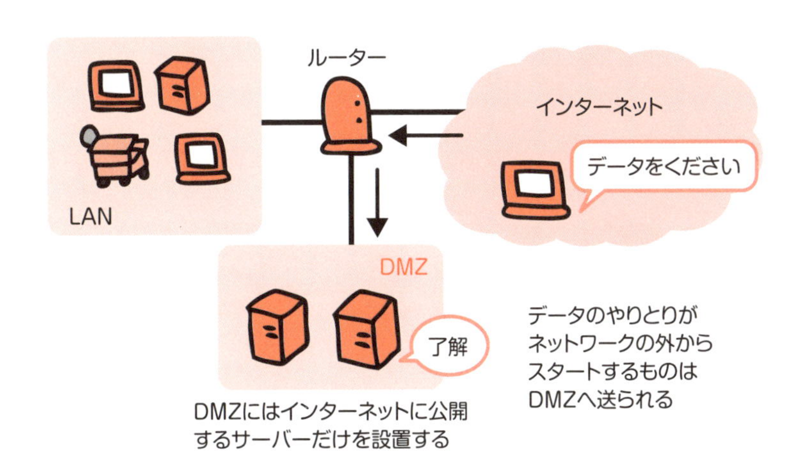

6 プロキシの導入

プロキシは日本語で「代理」という意味です。プロキシを導入することで、より安全で効率よくデータをやりとりできます。クライアントの代理となる通常のプロキシと、サーバーの代理となるリバースプロキシがあります。

データを代理としてやりとりする

プロキシはネットワークサービスの1つで、クライアントまたはサーバーの「代理」(Proxy)としてデータをやりとりします。Webサービスのデータを代理でやりとりするのが一般的です。プロキシの機能は、サーバーとして導入されます。

(フォワード)プロキシ　クライアントのために代理でデータをやりとりする

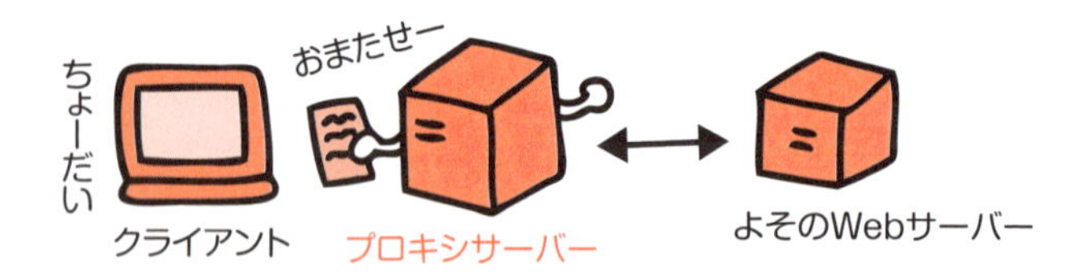

リバースプロキシ　サーバーのために代理でデータをやりとりする

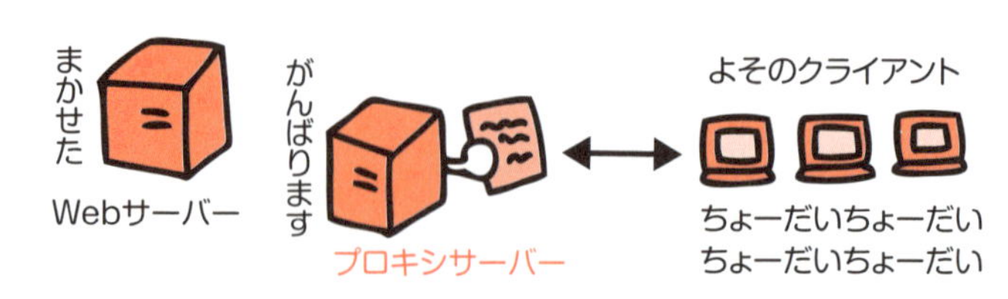

プロキシサーバーでパケットがデータになる

プロキシサーバーの特徴は、代理として受け取ったパケットを、いったんデータに戻し、またパケットにして送り出すことです。

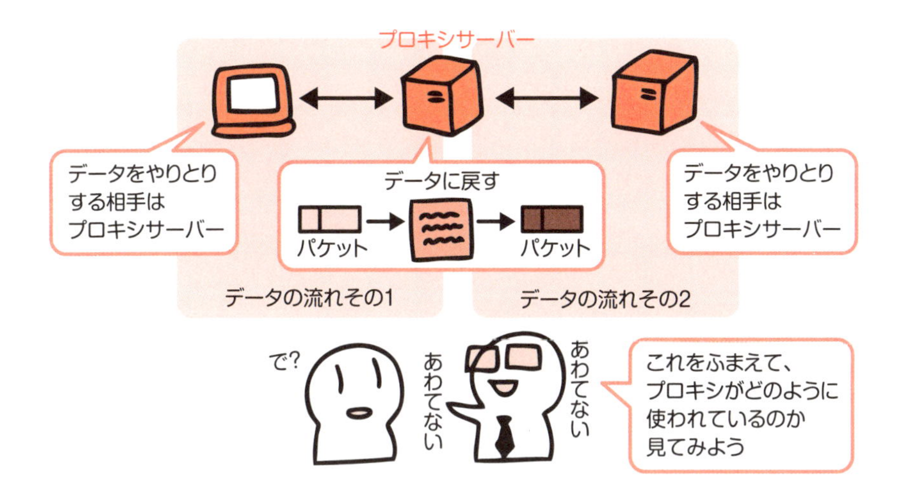

セキュリティのためにプロキシサービスを導入する

プロキシサーバーが代理でデータをやりとりすることで、セキュリティ効果が望めます。パケットからデータに戻したときに、データの中身を確認して安全かどうか判断することができるのです。

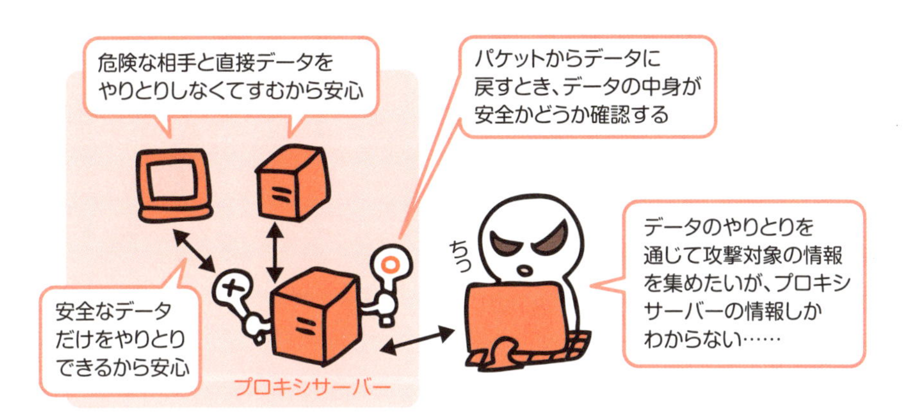

データを暗号化する SSL/TLS

メールやSNS、その他さまざまなWebサービスでは、SSL/TLSというプロトコルを使ってデータを安全にやりとりしています。暗号化、ハッシュ、サーバー証明書という仕組みにより、盗み見や改ざん、なりすましを防ぎます。

ネットワークを行き来するデータは暗号化されていないのが普通

インターネットをはじめとしたネットワークでは、VPN（→146ページ）などのセキュリティを高める対策を講じない限り、データは暗号化されません。

そのため、データのやりとりの途中で盗み見などの被害に遭う可能性があります。

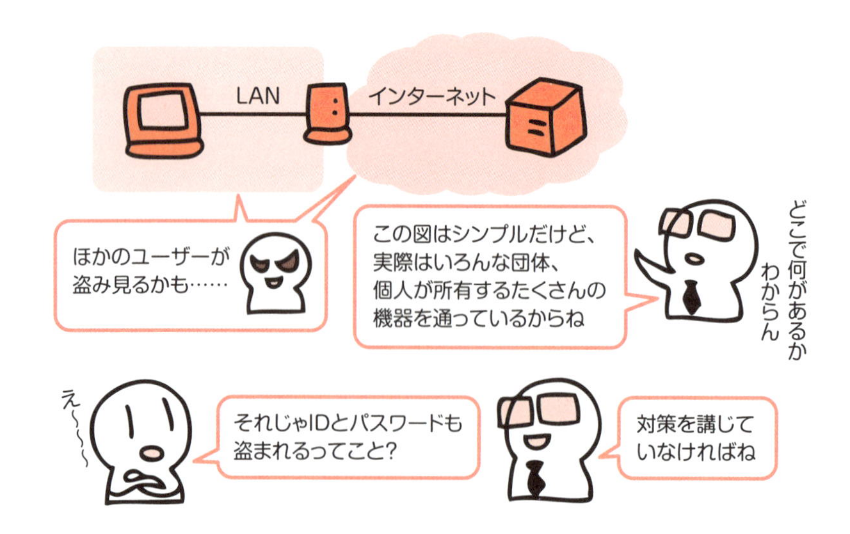

安全にデータをやりとりするためのプロトコル「SSL/TLS」

インターネットで安全にデータをやりとりする方法として広く普及しているのが、SSL/TLS（Secure Sockets Layer/Transport Layer Security Protocol）というプロトコルです。

SSL/TLS はアプリケーション層の下に位置するプロトコル

SSL/TLS は、OSI 参照モデルのセッション層にあります。Web サービスで使われている HTTP、メールで使われている SMTP、POP3 などのアプリケーション層の下の層、TCP または UDP の上の層になります。

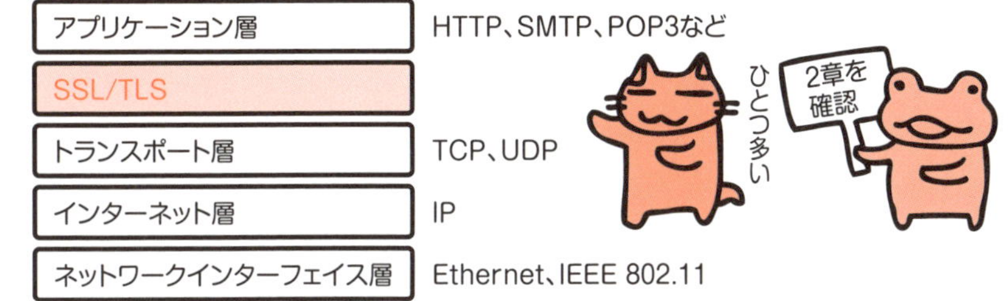

SSL/TLSは3つの危険からデータを守る

SSL/TLSは、盗み見、改ざん、なりすましの危険を防ぐために、暗号化、ハッシュ、サーバー証明書という仕組みを使います。

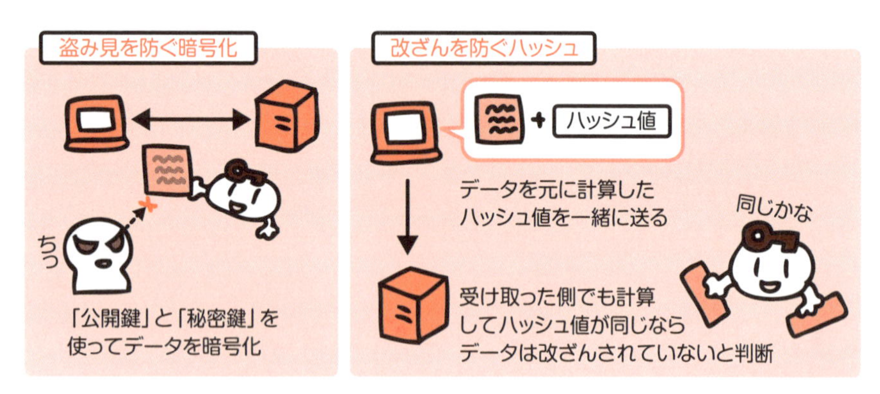

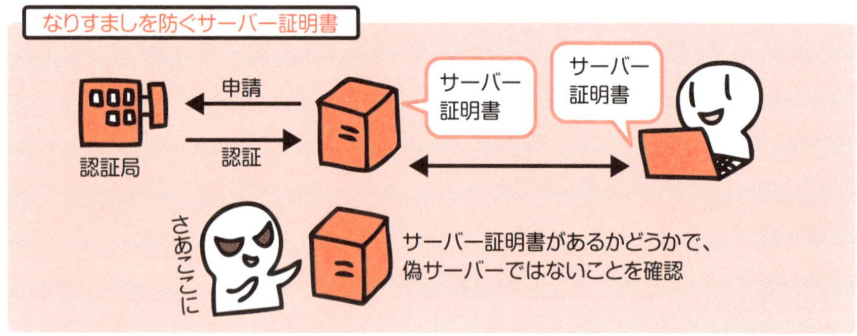

Webページで SSL/TLSが使われているか確認

Webブラウザーで適当なWebページを表示してみましょう。表示されているアドレス（URL）の最初が「https://」で始まっていたら、SSL/TLSを使っています。

http://www.○○○.co.jp/ → SSL/TLSを使っていない
https://www.○○○.co.jp/ → SSL/TLSを使っている

httpsの場合、ウェルノウンポート番号（→50ページ）は80ではなく443になるよ

SSL/TLS に対応したネットワークサービス

SSL/TLS を使ったネットワークサービスを提供する場合は、サーバー証明書を取得し、サーバーソフトの設定を行います。

一方、SSL/TLS を使ったネットワークサービスを利用するには、SSL/TLS に対応したソフトウェアを使います。

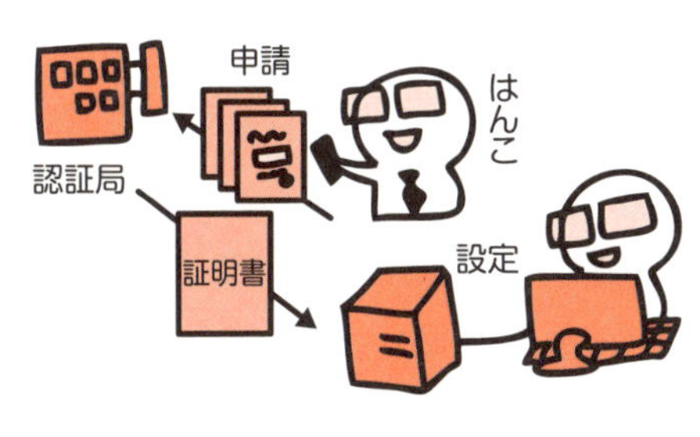

- サーバーごとに証明書が必要
- 複数の証明書が必要なケースもある
- ネットワークによって事情が変わるので認証局やサーバー事業者の資料を確認しよう

B M S

常時 SSL/TLS でネット利用がより安全に

パスワードなど一部の機密データだけでなく、すべてのデータを SSL/TLS を使ってやりとりすることを、常時 SSL/TLS と呼びます。主要な SNS は、常時 SSL/TLS を採用しています。Web サイトも、常時 SSL/TLS が増えています。

これまでは……

IDやパスワードなど機密情報をやりとりするときだけSSL/TLSを使う

SSL/TLSの分、負担が大きい

でも、サーバーや機器の性能が上がったことで、全部SSL/TLSにしても問題なくなったんだよね

8 無線LANのセキュリティ

無線LANは、対策を講じていないとネットワークを勝手に利用されたり、機密データを盗まれたりする危険性が高くなります。企業ネットワークに導入する場合はもちろん、公衆無線LANを利用する際に必要なセキュリティについても知っておきましょう。

無線LANならではの危険性

無線LANは、ケーブルで接続しなくてもネットワークを利用できます。そのため、電波の届く離れた場所から勝手にネットワークを使われたり、機密データを盗まれたりする危険性があります。

無線 LAN のセキュリティ規格

無線 LAN で採用されているセキュリティの規格には、「WEP」「IEEE 802.11i」「WPA」「WPA2」などがあります。「WEP」「IEEE 802.11i」は IEEE が、「WPA」「WPA2」は Wi-Fi Alliance（→ 74 ページ）が策定しました。

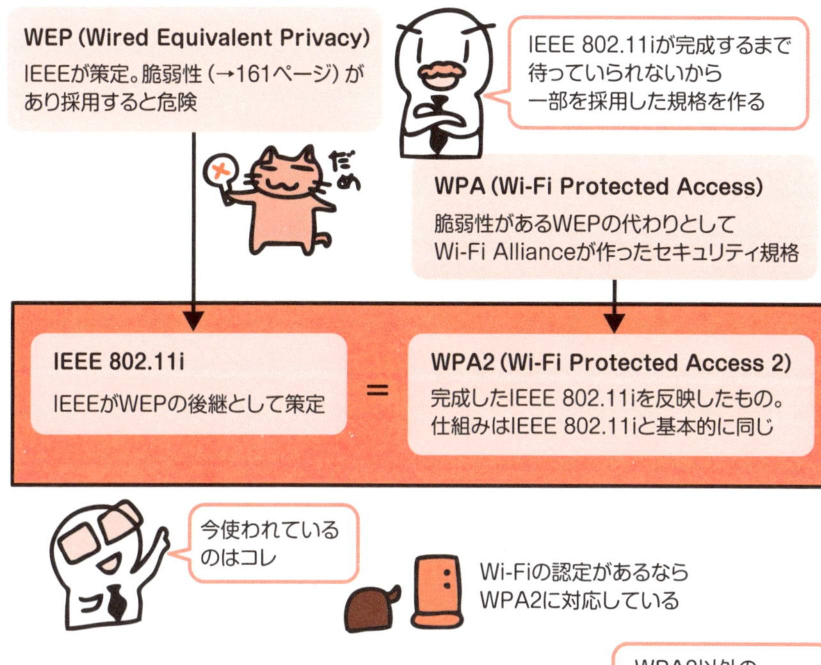

PCやスマートフォンの無線LAN設定で、
WPA2 (IEEE 802.11i) を使っているか確認してみよう

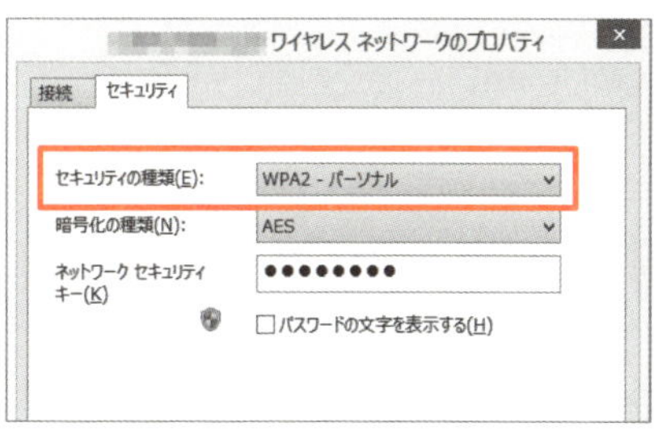

採用する技術や方式の名前を併記する

　セキュリティの規格では、暗号化、改ざん防止、ユーザー認証の3つについて、それぞれどんな仕組みを使うかを決めています。規格によっては利用する仕組みを選べるため、どの仕組みを使うかを規格名と一緒に表記します。

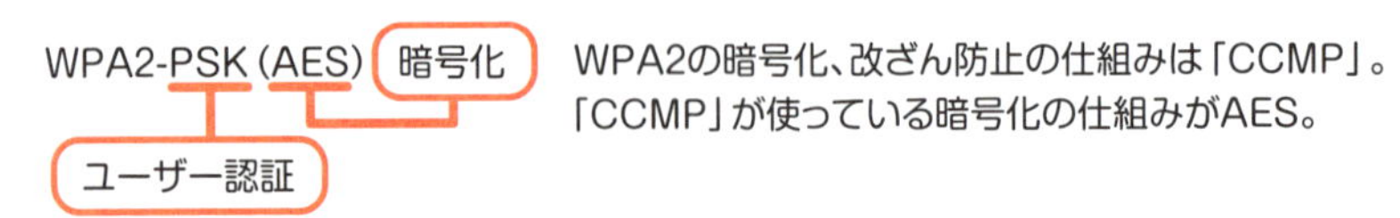

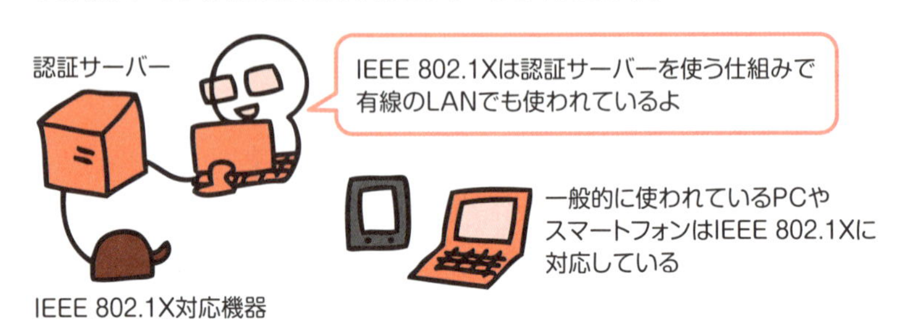

セキュリティの設定はWPA2（AES）に

　無線LANの設定でセキュリティの規格を指定するときは、WPA2（AES）を選びましょう。WPA2を選べないような古い機器やPC、スマートフォンを使っている場合は、買い替えた方が安全です。

SSID に会社の情報、ネットワーク情報を含めない

SSID はアクセスポイントの識別子で、ほかのアクセスポイントと区別するための名前です。無線 LAN に接続できなくても SSID を見ることはできるので、会社の情報やネットワークの構成がわかる名前を付けるのはやめましょう。

公衆無線 LAN を利用するときの注意点

公衆無線 LAN は、お店や公共施設などにアクセスポイントを設置してユーザーにインターネット接続サービスを提供するというものです。便利ですが危険もあるということを理解し、賢く使いましょう。

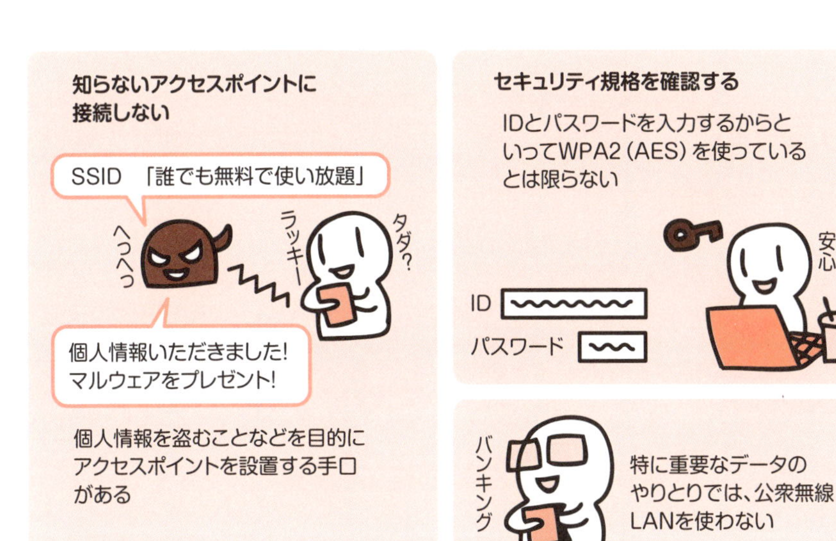

情報セキュリティポリシーを策定する

情報セキュリティポリシーは、ネットワークの何をどう守りたいのか、守るためにどうすればよいのかという決め事です。策定後も定期的に見直し、修正していきます。

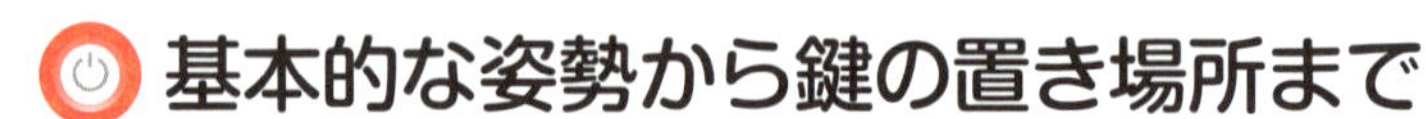

基本的な姿勢から鍵の置き場所まで

情報セキュリティポリシーは、情報を安全に運用するための決まりです。基本方針、対策基準、実施手順の3段階に分けられます。

情報セキュリティポリシーを作る

自社で情報セキュリティポリシーを策定する場合は、システム部門を中心に策定を行います。策定をサポートする専門家に依頼するケースもあります。インターネットで公開されている見本を参考にするのもよいでしょう。

企業によって情報セキュリティポリシーは変わってくるので、業務内容などに合ったものを作る必要がある

外部の専門家に頼むときは、自社の事情をきちんと伝えること

情報セキュリティポリシーは常に見直す

業務内容やネットワーク構成が変われば、情報セキュリティポリシーも変わります。作ったら終わりではなく、定期的に見直して修正することが大切です。

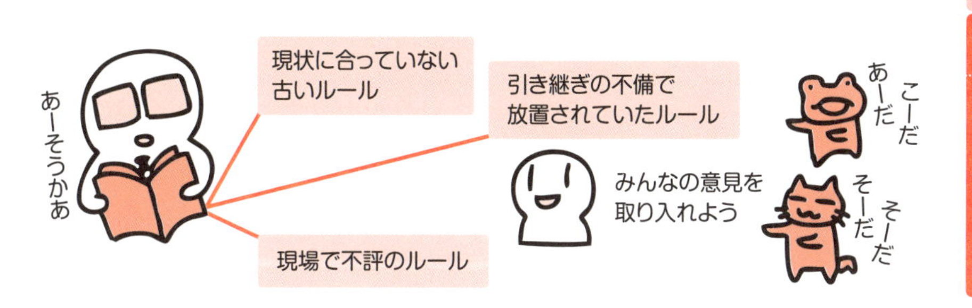

10 企業ネットワークのセキュリティ対策

ここでは、家庭用のネットワークではあまりなじみのない、企業ネットワークならではのセキュリティ対策をまとめました。トラブルに備えた冗長化や、ネットワーク監視の仕組みなどがよく導入されています。

冗長化でトラブルに強いネットワークを作る

トラブルに備えて予備のハードウェアや設備、回線などを用意しておくことを、冗長化（じょうちょうか）と言います。止まってしまうと被害が大きい企業ネットワークは、冗長化を行うのが基本です。

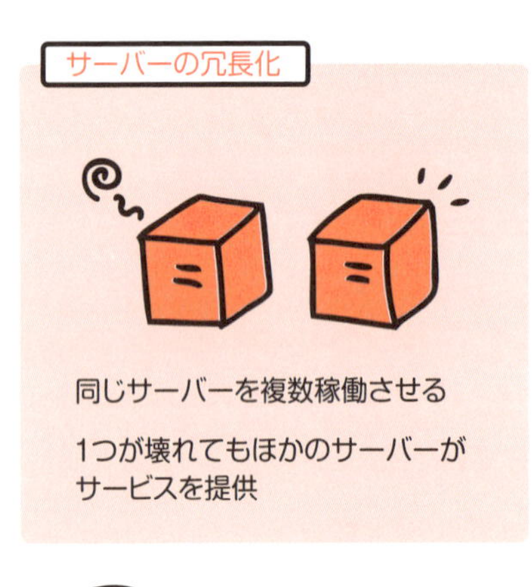

とはいえ、コストがかかるしネットワーク構成が複雑になるから、ポイントを押さえて取り入れよう

ネットワークを監視する仕組みを活用する

企業ネットワークでは、ネットワーク管理者がサーバーや機器の状態を効率よくチェックするための仕組みを導入するべきです。小さな不具合の時点で気づいて対処すれば、大きなトラブルにならずにすみます。

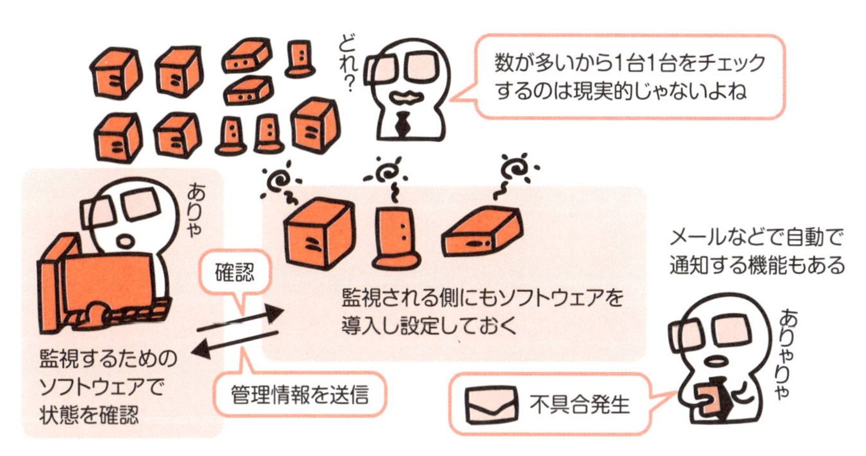

ネットワークに関わる人みんながセキュリティ意識を持とう

企業ネットワークには、社員から経営者まで多くの人々が関わります。中にはコストや利便性を優先してセキュリティは二の次になってしまう人もいます。全員がセキュリティについて意識することが大切です。

情報セキュリティポリシー（→178ページ）をみんなで定期的に見直す

総務省やIPAなど資料として使えるコンテンツを配布しているサイトもうまく活用しよう

・国民のための情報セキュリティサイト（総務省）
http://www.soumu.go.jp/main_sosiki/joho_tsusin/security/

・ここからセキュリティ！（IPA）
https://www.ipa.go.jp/security/kokokara/

11 ウイルス対策ソフトを導入する

企業ネットワークでインターネットを利用する場合、ウイルス対策ソフトは必ず導入しましょう。外部からデータがやってくる場所に導入するのが基本です。

マルウェアからネットワークを守るウイルス対策ソフト

　ウイルス対策ソフトは、マルウェアの特徴が書かれている定義ファイルをもとにデータをチェックして、危険なデータかどうかを判断するソフトウェアです。定義ファイルはパターンファイル、ウイルス検知用データなどとも言います。

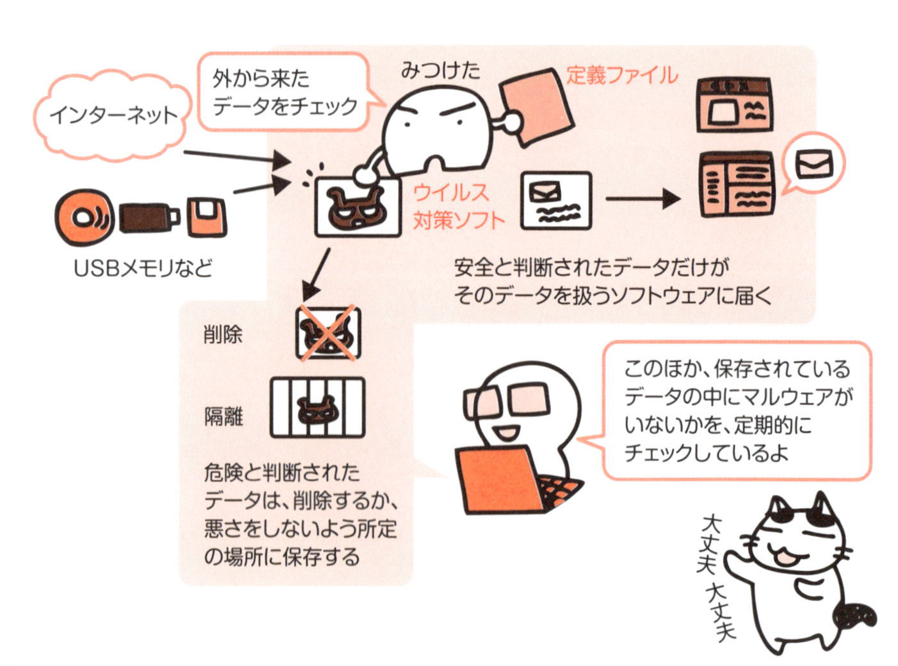

サーバーやゲートウェイで使うウイルス対策ソフトもある

ウイルス対策ソフトには、PCやスマートフォンなどのクライアント用と、メールサーバーなどにインストールして使うサーバー用があります。また、ゲートウェイ（→66ページ）に設置するウイルス対策ソフトもあります。

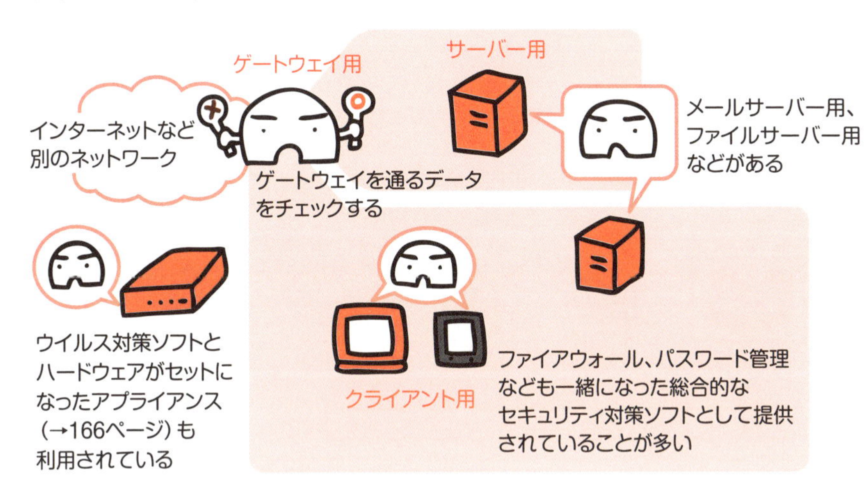

定義ファイルはウイルス対策ソフトメーカーが提供する

ウイルス対策ソフトのメーカーは、新しいマルウェアが登場するとそのマルウェアの定義ファイルを作り、ユーザーに提供します。一般的には、ウイルス対策ソフトが自動的に定義ファイルをダウンロードして適用します。

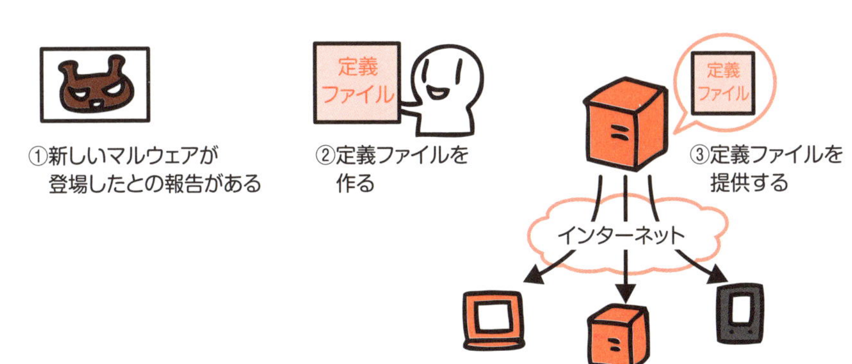

定義ファイルが提供される前のマルウェアは？

ウイルス対策ソフトは、定義ファイルがまだ提供されていないマルウェアを判別できません。ただ、一般的なウイルス対策ソフトは、大切なデータの保管場所に影響を及ぼさない「サンドボックス」でプログラムを動作させて、危険な動きをしたらマルウェアとして対処するといった対策方法も備えています。また、定義ファイルにな
くても、マルウェアとしての特徴を持ったファイルを危険とみなして対処するなど、定義ファイルによる判断以外の方法も備えているので、そこで対処できる可能性はあります。

定義ファイルは常に最新のものに更新する

ほかの判別方法があるとはいえ、ウイルス対策ソフトの基本は定義ファイルを使う方法です。定義ファイルは、常に最新のものに更新しましょう。

ゲートウェイで対策していれば PC 用は必要ない？

ゲートウェイ用のウイルス対策ソフトを導入していても、やはりクライアント用のウイルス対策ソフトは必要です。ゲートウェイを通らずに、USB メモリやスマートフォンを通じて PC にマルウェアがやってくるケースも考えられるからです。

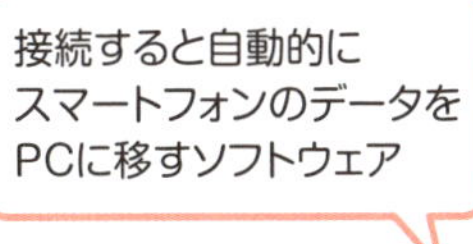

OS やソフトウェアのセキュリティ更新も忘れずに

ウイルス対策ソフトは、OS やソフトウェアの脆弱性（→ 161 ページ）を修正することはできません。ウイルス対策ソフトの定義ファイル更新とは別に、脆弱性に対処する OS やソフトウェアのセキュリティ更新も必ず行いましょう。

・OSのセキュリティ更新
・ソフトウェアのセキュリティ更新

セキュリティの更新ができなくなった古いOSや機器は買い替える

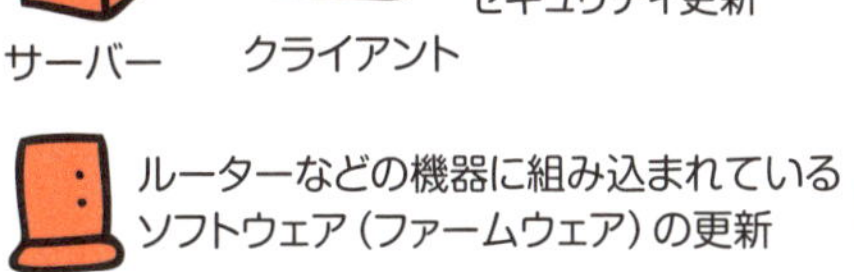

更新忘れがないようにきちんと管理方法を決めておこう

家庭のネットワークでも、もちろんセキュリティ更新は必要

・OSのセキュリティ更新
Windowsは「Windows Update」
macOSはApp Storeの「macOS <バージョン名> アップデート」
・ソフトウェアのセキュリティ更新

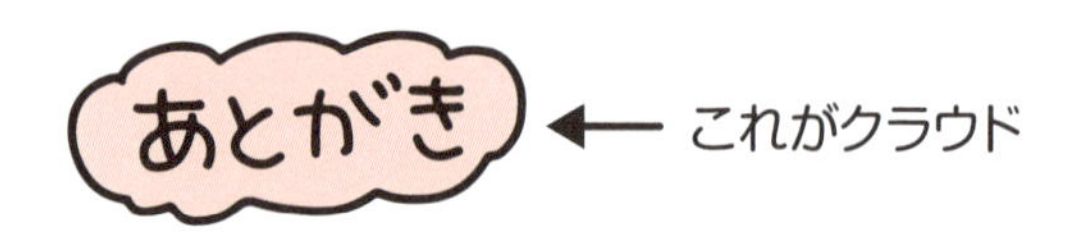

ネットワークの世界では、日々、新しいネットワークサービスが登場しています。

ですが、ネットワークの基本となる部分は同じです。

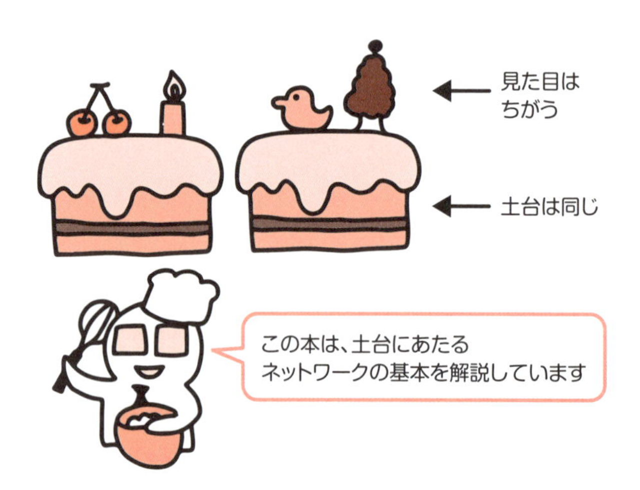

何の役に立つのかわからない基本より、具体的なノウハウを覚えた方がいいと思うかもしれません。

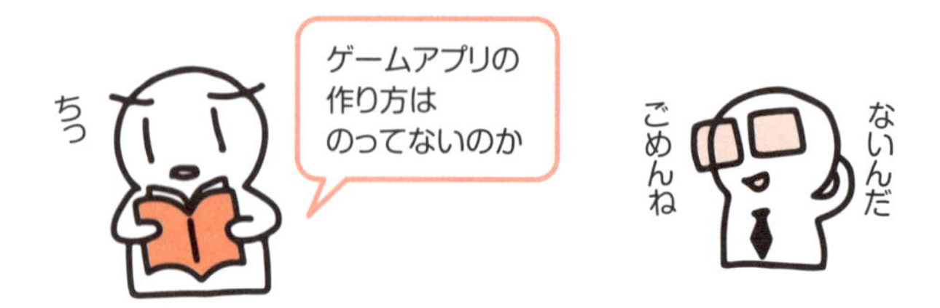

しかし、そういったノウハウだけを覚えてしまうと、応用がききません。

将来の新しい技術、新しいプロジェクト、新しい職場に対応するために、ちょっと回り道ですがネットワークの基本を理解しておきましょう。

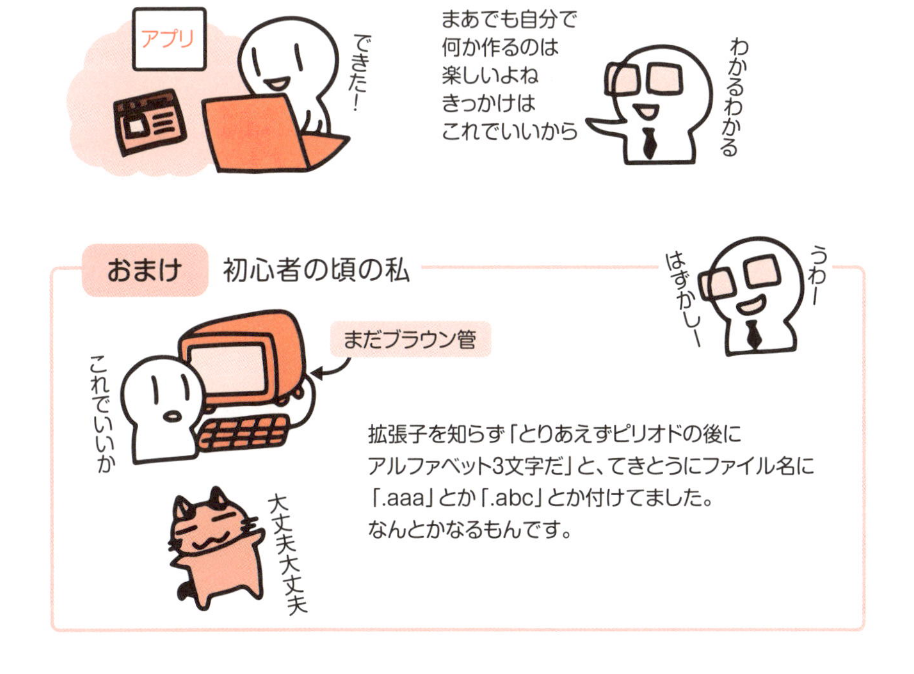

索引

記号・数字

. (ピリオド) 55, 79
/ 58
@ 43
1000BASE-LX 128
1000BASE-SX 128
1000BASE-T 128, 129
1000BASE-TX 129
100BASE-TX 128, 129
10BASE-5 128
10BASE-T 128, 129
10GBASE-T 129
3ウェイハンドシェイク 53

A

ACK 52
Active Directory 83, 138
AES 176
AP 148
ARP 20, 77
ARPA 42
ARPANET 42
AS 65
AWS 110

B

bps 121

C

CCMP 176
ccTLD 79
CIDR 58
CMS 97
CSS 95

D

DHCP 84, 127, 134
DMZ 167
DNS 20, 78, 80, 134
DNSキャッシュサーバー 82
DNSサーバー 83

E

EGP 65
Ethernet 73, 128
EUI-48 75
EUI-64 75

F

Facebook 98
Fast Ethernet 128
FTP 20
FTTH 120

G

GET 93
Gigabit Ethernet 128
Gmail 104
Google 102
Google Chrome 97
gTLD 79

H

HTML 95
HTML5 95
HTTP 20, 92
HTTPリクエスト 93
HTTPレスポンス 93

I

IaaS 110
ICANN 59, 79, 118
ICMP 20
IEEE 802.11 ..... 73, 149
IEEE 802.11i 175
IEEE 802.1X 176
IETF 43
IGP 65
IMAP4 ..... 104, 107
Instagram 98
IP 54
IP-VPN 145
ipconfig 69, 83
IPSec 147
IPv4 ..... 55, 60
IPv6 ..... 55, 60
IPアドレス 47, 54, 55, 126
IP電話 123

ISDN......20
ISO......19
ISP......119

J

JavaScript......95
JPNIC......59, 118
JPRS......79

L

L2SW......125
L2TP......147
L3SW......125
LAN......28, 73
LAN ケーブル......128

M

MAC アドレス......47, 75, 126
Microsoft Edge......97
MMS......101
Mozilla Firefox......97

N

NAPT......70
NAT......70

O

OSI 参照モデル......19, 126
Outlook......104

P

PaaS......110
PON 方式......120
POP3......20, 104, 105, 106
POST......93
PPP......20
PPTP......147
PSK......176

R

RFC......42, 43
RTMP......101
RTSP......101

S

SaaS......110
Safari......97
SMS......32
SMTP......20, 104, 105
SNS......98
SSID......151, 177
SSL/TLS......170
SS 方式......120
SYN......53

T

TCP......20, 48, 52
TCP/IP......17, 42
TCP/IP プロトコルスタック......43
Twitter......98

U

UDP......20, 48, 53
UPS......142
URI......93
URL......93

V

VLAN......132
VPN......146

W

WAN......28, 30, 144
Web サーバー......15
Web サービス......92
Web サイト......96
Web ブラウザー......95, 97
Web ページ......96
Web メール......107
WEP......175
Wi-Fi......74
Wi-Fi Alliance......74
Windows Update......185
WordPress......97
WPA......175
WPA2......175
WPS......176
WWW......92, 94

あ行

アクセスポイント......148
アクセスログ......163
アドレスプール......86
アプライアンス......166, 183
アプリ......91
アプリケーション......91
アプリケーション層......19, 26, 44, 45, 90
アプリケーションレベルゲートウェイ......67, 71, 165

暗号化……170, 172
イーサネット……20, 72
イーサネットケーブル……128
インターネット……17, 29, 30
インターネット VPN……146
インターネット接続……116
インターネット層……20, 26, 44, 46
インデクサ……103
インデックス……103
イントラネット……31
ウイルス……155, 156, 182
ウェルノウンポート番号……50
エニーキャスト……41
親機……151

か行

回線事業者……119, 145
開発環境……110, 112
確認応答……52
カスケード接続……124
カテゴリー……129
カプセル化……39
規格……74
キャッシュ……82
クエリ……103
クライアント……14
クラウド……108
クラス……56
クラスレスアドレッシング……58
グループウェア……134, 137
グローバル AS 番号……118
グローバル IP アドレス……59, 118
クローラー……102
クロスケーブル……129
ゲートウェイ……66
ケーブル……128
権威 DNS サーバー……81, 143
検索……102
広域イーサネット……145
公開鍵……172
子機……151
国際標準化機構……19
固定 IP サービス……141
固定グローバル IP アドレス……123
コネクター……128
コンテンツフィルタリング……166
コンテンツマネジメントシステム……97

さ行

サーキットレベルゲートウェイ……165
サーバー……14
サーバー証明書……172
サービス……15
再送……52
索引……103
サブネット……57, 58
サブネットマスク……57
サンドボックス……184
シーケンス番号……52
システム構築……152
実装……43
障害の切り分け……88
冗長化……180
情報セキュリティポリシー……178
証明書……172
ショートメッセージサービス……32
自律システム……65
スイッチ……19, 125
スイッチングハブ……126
スキーム……93
スタッキング接続……124
スタティックルーティング……64
スタブリゾルバ……81
ステータスコード……93
ストリーミング……100
ストレージ……136
ストレートケーブル……129
セキュリティ……154
セグメント……39
セッション層……19
専用線……144

た行

ダイナミック VLAN……133
ダイナミックルーティング……64
ダウンロード……100
単線……129
チャネル……150
ツイストペアケーブル……129
ディスタンスベクタ型……65
ディレクトリサービス……83, 138
データ……11
データグラム……39
データセンター……143
データリンク層……19
デフォルトゲートウェイ……69
動的 / プライベートポート番号……50

トップレベルドメイン 79
ドメイン 138
ドメインコントローラ 138
ドメイン名 78, 143
ドライブバイダウンロード 157
トランスポート層 19, 26, 45, 48
トレーラー 37
トロイの木馬 157
トンネリング 146, 147

な行

認証局 172
ネームサーバー 83
ネットワークアドレス 55
ネットワークインターフェイス層 20, 26, 44, 46, 72
ネットワークサービス 91, 134
ネットワーク層 19

は行

パーソナルファイアウォール 167
ハイパーリンク 94
ハウジング 143
パケット 36
パケットフィルタリング 165
ハッシュ 172
ハブ 124
光ファイバー 120
秘密鍵 172
標的型攻撃 159
ファームウェア 185
ファイアウォール 161, 164
ファイル共有 116, 134, 136
ファイルサーバー 15, 116
不正侵入 160
物理アドレス 75
物理構成図 130
プライベート IP アドレス 59
プリンター共有 116
プリントサーバー 116, 135
プリントサービス 134, 135
フルサービスリゾルバ 81, 118, 134
フレーム 39
プレゼンテーション層 19
ブロードキャスト 41, 77, 85
ブロードキャストアドレス 56
プロキシサーバー 67, 71, 165, 168
プログレッシブダウンロード 100
プロトコル 16, 18, 44
ヘッダー 37, 93
ポート 132, 133
ポート番号 47, 49, 126
ポートベース VLAN 132
ホスティング 143
ホストアドレス 55

ま行

マルウェア 155, 156, 182
マルチキャスト 41
マルチキャストアドレス 56
無線 LAN 73, 148, 174
無停電電源装置 142
メール 104
メールサーバー 15, 105
メールボックス 105

や行

ユニキャスト 40
予約ずみポート番号 51
撚り線 129
撚り対線 129

ら行

ラベル 79
リバースプロキシ 168
リピーターハブ 126
理論値 122
リンク 94
リンクステート型 65
ルーター 62, 125, 126, 127
ルーティング 54, 62
ルーティングテーブル 63
ルーティングプロトコル 64
ルートサーバー 81
レイヤー 18, 26, 126
レイヤー2 スイッチ 19, 125, 126
レイヤー3 スイッチ 125, 126, 127, 133
レイヤー4 スイッチ 126, 127
レイヤー7 スイッチ 126, 127
レンタルサーバー 143
ローカル IP アドレス 59
ロードバランサー 127
ロボット 102
論理構成図 130

わ行

ワーム 157

著者略歴

増田若奈（ますだ　わかな）

1970年生まれ。上智大学文学部新聞学科卒業。編集プロダクション勤務を経てフリーライターに。主にインターネットのサービス、ネットセキュリティ、理美容家電を中心に執筆。著書に『図解ネットワークのしくみ』『パッとわかるネットワークの教科書』『Web動画配信のしくみがわかる』『10の構文25の関数で必ずわかるCGIプログラミング』（以上、ディー・アート）、『図解 サーバー　仕事で使える基本の知識　［改訂新版］』（技術評論社）、『図解 ネットワーク　仕事で使える基本の知識　［改訂新版］』（技術評論社）がある。

カバーデザイン●坂本真一郎（クオルデザイン）
イラスト●増田若奈
本文デザイン●阿保裕美（トップスタジオデザイン室）
編集・DTP●株式会社トップスタジオ
担当●大和田洋平

お問い合わせについて

本書の内容に関するご質問は、下記の宛先までFAXまたは書面にてお送りいただくか、弊社Webサイトの質問フォームよりお送りください。お電話によるご質問、および本書に記載されている内容以外のご質問には、一切お答えできません。あらかじめご了承ください。

〒162-0846 東京都新宿区市谷左内町 21-13
株式会社　技術評論社　書籍編集部「本当にやさしく学びたい人の！　絵解き　ネットワーク超入門」質問係
FAX：03-3513-6167
技術評論社 Web サイト：https://gihyo.jp/book/

なお、ご質問の際に記載いただいた個人情報は質問の返答以外の目的には使用いたしません。また、質問の返答後は速やかに破棄させていただきます。

本当にやさしく学びたい人の！
絵解き　ネットワーク超入門

2019年　8月　6日　初版　第1刷　発行
2024年　8月14日　初版　第6刷　発行

著　者　増田若奈
監　修　武藤健志
発行者　片岡　巌
発行所　株式会社技術評論社
東京都新宿区市谷左内町21-13
電話　03-3513-6150 販売促進部
03-3513-6160 書籍編集部
印刷／製本　港北メディアサービス株式会社

定価はカバーに表示してあります。

造本には細心の注意を払っておりますが、万一、落丁（ページの抜け）や乱丁（ページの乱れ）がございましたら、弊社販売促進部へお送りください。送料弊社負担でお取り替えいたします。

ISBN978-4-297-10638-6 C3055
Printed In Japan